혼례 음식

혼례 음식

김매순 · 홍순조 · 문혜영 · 이춘자 지음

대원사

혼례 음식에 담긴 소중한 의미

혼례는 인류가 시작되면서부터 가장 중요한 의식으로 여겼고, 각 민족의 오랜 전통으로 계승되어 현재까지 이어져 오고 있습니다. 혼인의례는 인간이 한 생을 살면서 치르는 의례 중에 가장 큰 의식으로 혼인대례婚姻大禮라고 합니다. 이렇듯 우리 인간에게 있어 혼례는 생에 가장 중요한 전환점이자, 인간만이 가진 의식이라고 할 수 있습니다. 이는 서로 몇 십 년 동안 다른 환경에서 살아온 두 남녀가 합쳐져 가정을 이루고, 자식을 낳아 인류의 번영을 이루는 것과 같습니다.

혼례는 단순히 두 남녀의 결합이 아니라 한 집안과 집안의 만남, 서로 다른 가풍과 가풍의 만남, 그리고 남과 여라는 음陰과 양陽의 조화입니다. 이렇게 작게는 남녀의 개개인에서 크게는 집안, 문화의 만남으로 이루어지는 것이 혼례인 것입니다. 그렇기 때문에 혼례를 치를 때 갖추는 예는 단순한 형식에 머무는 것이 아니라 몸과 마음을 다해 배우자와 배우자 집안 어른들에게 올리는 정성인 것입니다.

이처럼 혼례는 한 인간과 한 집안에 있어 가장 큰 경사인 셈입니다. 새로 사람을 맞아 가족으로 받아들이는 것만큼 중요하고, 경사스러운 일도 없을 것입니다. 신랑과 신부가 가족, 친지, 지인들이 모인 자리에서 서약을 맺고, 이들로부터 따뜻한 축복을 받는다는 것은 일생 최대의 행복일 것입니다.

그러나 예부터 이어져왔던 혼례의 의미가 점점 퇴색되어 가고 있습니다. 형식과 내용면에서도 점차 서구화되어 가고 있으며, 급격히 급증하는 이혼율 또한 혼례에 대한 소중한 의미가 무너져가고 있다는 것을 보여주는 하나의 예라고 할 수 있습니다.

이 책은 혼인의례에 담긴 깊은 의미를 되짚어보고, 혼례 절차와 혼례 음식이 내포하고 있는 상징성과 중요성을 다루었습니다. 특히, 혼례 절차와 혼례 음식을 통해 혼례를 치르는 집안과 배우자의 마음가짐의 중요성을 찾아보고자 했습니다.

　신부가 시부모와 시가의 어른들에게 예를 갖추어 첫 인사를 드리는 것을 폐백이라고 합니다. 이때 신부 집에서 시댁 어른들에게 정성들여 올리는 음식을 폐백 음식이라고 합니다. 그리고 이바지란 혼례 전이나 혼례를 치른 후 신부 어머니가 신랑 집에 보내는 음식입니다. 이렇게 신부 집에서 정성들여 음식을 장만해 보내면 답례로 신랑 집에서도 음식을 보냅니다. 음식은 그 집안의 가풍이 담겨 있기도 하고, 입맛이 배어 있기도 합니다. 즉, 그 집안을 대표하는 얼굴인 셈입니다. 그렇기 때문에 음식을 만들 때 온 가족이 모여 정성을 다 하는 것은 당연한 이치일 것입니다. 단순히 돈으로 값을 치르거나 형식에 얽매이는 것이 아니라 자식을 보내는 부모님의 마음이 담겨져 있는 것입니다.

　이렇듯 혼례에서 중요한 것은 무엇보다 정성과 마음가짐입니다. 우리 조상들은 이를 음식으로 예를 갖추었고, 혼례 음식은 혼례의 상징으로 자리 잡았습니다. 돈으로는 그 값어치를 따질 수 없는 혼례 음식의 중요성이 이 책을 통해 조금이나마 전달되었으면 하는 마음입니다. 마지막으로 혼례 음식을 만드는 레시피를 첨부했습니다. 혼례 음식 만드는 것을 어렵게 생각하는 분들을 위해 음식 만드는 과정을 소개함으로써 음식에 담긴 의미를 다시 한 번 되짚어보는 계기가 되길 바랍니다.

　이 책이 나오기까지 많은 분들의 도움이 있었습니다. 상화 제작을 해주신 양영숙 선생님과 좋은 사진을 촬영해 주신 정희원 실장님, 표지 촬영에 협조해 주신 〈손수 혼례 포장 단〉, 그리고 혼례 사진을 제공해 주신 이미자, 이춘명 선생님, 이밖에 본문에 사진 사용을 허락해 주시고 보내주신 모든 분들과 좋은 책으로 엮어준 도서출판 대원사의 노고에 깊은 감사를 드립니다.

2008년 3월

저자 일동

차 례

잔치의 으뜸 혼인

　잔치란 손님맞이이다. 특별한 날에 음식을 차려 놓고 여럿이 모여 먹고 마시면서 그날이 갖는 의미를 되새기며 즐기는 일을 말한다. 예부터 우리는 삶의 희로애락을 이웃과 함께 나누면서 살아온 민족이다. 사람은 일생을 살아가면서 여러 가지 일들을 겪게 된다. 이런 일 중에 누구나 거쳐 가야 하는 평생의례가 있는가 하면, 그 외에도 때에 따라 일어나는 여러 가지 일들이 있다. 그때마다 우리 민족은 공동체 의식을 가지고 그 일에 임해 왔다. 그래서 남의 일도 내 일인 것처럼 여기며 이웃의 기쁨과 슬픔을 함께 나누었다. 살아가면서 겪게 되는 일 중에는 특별히 기쁜 일도 많고 슬픈 일도 많다. 그때마다 사람들은 그 일의 특성에 맞게 대처하는 슬기로운 방법을 터득했다. 슬픈 일이면 알맞은 위로 방법을 찾았고, 기쁜 일이면 이웃과 더불어 즐기는 아름다운 방법을 간직해왔다.

　살다 보면 힘들고 슬픈 일도 있지만 혼인의례와 같이 샘물처럼 솟아오르는 기쁜 일도 있다. 이러한 경사를 만나면 주인은 경사의 내용을 미리 이웃에 공개하고 주변 사람들에게 축복받기를 원한다. 주인은 이날만은 마음먹고 주머니를 열어 풍족한 잔치가 되도록 한다. 그래서 경사의 내용에 알맞은 고유한 음식을 푸짐하게 차려 놓고 될 수 있는 대로 많은 사람들을 청한다. 이 경사의 소식을 접한 주변 사람들은 그 날짜를 기억하고 있다가 초대에 응하여 경사를 축하하며 흥겹게 즐긴다.

　사람들은 이 잔치 자리를 꼭 그 집안만의 행사로만 국한시키지 않고 공동체 사교의 장으로도 사용한다. 이 자리에서는 음식을 나누는 일도 중요하지만 성대한 잔치 행사를 통하여 마음을 나누는 절차도 있었다. 사람들은 먹고 마시는 가운데 공동체 사이에 해결하지 못했던 일들을 해결하기도 하고, 사람들 사이에 맺혀 있던 일을 풀기도 하며 털어 놓고 싶은 이야기를 툭 털어 놓음으로써 서로 간의 유대를 돈독하게 하는 계기를 만들기도 한다. 따라서 잔치는 사람들이 살아가는데 있어서 훌륭한 윤활유 역할을 하기도 한다.

이러한 잔치에는 여러 가지 형태가 있다. 개인의 사회적, 종교적 지위에 따라 행해지는 의례행사는 모든 사회에 존재한다. 이 가운데 가장 중요하고 보편적인 의식인 평생의례 때 열리는 기본적인 잔치가 있다. 이에는 돌, 혼인의례, 회갑 등의 잔치가 있다. 이는 출생, 성장, 생식 등의 생물학적 단계와 결합되어 있는데, 어떤 개인이 한 단계 앞으로 나아가는 시점에서 그 개인의 생애를 축복해 주는 행사로 매우 중요한 의미를 갖는다. 이 잔치는 한 개인이 새로운 세계로 나아감을 지켜보면서 그 개인의 발전을 축복하고, 격려해 주겠다는 무언의 약속을 하는 축제이기도 하다.

　평생의례에는 잔치 중의 잔치라고 할 수 있는 혼례잔치를 비롯하여 아이의 백일이나 돌잔치뿐 아니라 아이가 한 단계씩 학문에 전진을 할 때마다 잔치를 하는 책례가 있고 승진이나 이사, 혹은 시험 합격에도 잔치가 베풀어졌다. 이러한 잔치는 어느 특정한 사람에게만 있는 것이 아니라 누구에게나 있는 일이므로 공동체가 돌아가면서 잔치를 치른다. 이를 위해 잔치를 베푸는 집에서는 오랫동안 만반의 준비를 한 끝에 정성껏 음식을 마련한다.

　경사의 내용에 따라 음식의 종류는 조금씩 달라지는데 이는 각각의 고유한 축복의 의미를 지니고 있기 때문이다. 백일이나 돌잔치의 경우 아이가 무럭무럭 자라서 훌륭한 인물이 될 것을 축복하는 의미를 지니고 있다. 그리고 혼례잔치는 성인으로 편입된 것을 축하하고 인정하는 의미를 지닌다. 이때 주변 사람들은 당사자들에게 성인으로서 감당해야 하는 일을 잘 감당하기를 바라는데, 특히 아들을 생산하기를 바라는 마음을 담고 있다. 책례의 경우에는 학문 성취의 기쁨과 앞으로의 학문의 전진을 기원하였고, 이사移徙잔치에서는 가족의 수복강녕을 빌었다. 승진했을 때는 승진을 축하함은 물론 앞으로 삶이 일취월장하라는 의미를 담고 있다. 그리고 과거에 급제하였을 때는 한 가족만의 경사가 아니라 마을 전체의 경사이므로 마을 단위의 잔치가 열리기도 하였다. 이처럼 공동체가 돌아가며 치르는 잔치는 누구의 집에서나 빈번하게 열렸는데, 잔치의 흥거움을 위해서는 경사의 특성에 맞는 음식을 정성껏 마련하였다.

　특히 혼인잔치 음식은 일상식과는 그 구성과 양식을 달리한다. 일상식은 주·부식의 개념인 분리형으로 밥과 찬물로 차려지지만 혼인잔치 음식은 면류, 전골, 떡류, 적炙과 전유어煎油魚, 과일류, 건과류, 육포, 건어물류, 전통과자류, 음청류, 주류 등이 동격으로 차려진다. 이들 음식 중 가장 대표적이고 보편적인 것이 떡과 전통과자이다. 떡은 상고 시대부터 제천의식에 쓰여져서 오늘날까지 어느 잔치에도 빠지지 않는 음식이다.

　궁중의 혼인의례를 비롯한 잔치음식은 모두 큰상(고배상高排床) 차림이었고 잔치의 규모에 따라 3치에서 1자 5치 높이까지 모두 원통형으로 괴었다. 그리고 음식 종류의 다수에 따라 2~3열까지는 줄을 맞추어 색상을 조화롭게 하여 배열하였고, 그 다음 열에 잔치 당사자가 먹을 수 있는 입매상이 차려졌다. 고임을 한 음식은 잔치가 끝난 후 축하객과 친지들에게 나누어 주었다. 이 관습은 궁에서 뿐만 아니라 사가에서도 그대로 행해졌다. 큰상의 음식을 나누어 먹는 관습은 반복頒福의 의미가 있다.

혼인에 관하여

혼인의 역사적 배경

고려 시대 이전

혼인은 인륜人倫의 시초라는 뜻에서 중요한 의미가 있다. 혼인제도의 기원은 원시 시대의 관습에서부터 발달했다고 볼 수 있다.

상고 시대의 중요한 평생의례로는 출생·혼인·사망에 따른 의례에 관해서만 그 면모를 파악할 수 있다. 이 시기에 대한 우리나라의 문헌 기록은 매우 희소하고 부족하지만, 중국의 사료에 나타나 있는 것과 『삼국유사』, 『삼국사기』 등에서 찾아볼 수 있다.

단군신화와 주몽·박혁거세·김알지·수로신화 등에서 보여 주듯이 건국시조신화가 우리나라 평생의례의 원형이라고 할 수 있다. 이들은 모두 제왕들의 출생을 중심으로 한 의례의 의미를 담고 있다. 『삼국유사』의 가락국기에서는 수로왕이 알에서 태어나[卵生] 왕위에 오르고, 부인을 맞이하여 혼인하고 또 죽음을 맞이하며 사후에 제사를 모시는 과정이 잘 묘사되어 있어 평생의례의 전형적인 모습을 보여 준다.

원시 사회에서는 남녀가 공동으로 생활하고, 부부의 개념도 명확하지 않은 잡혼雜婚, 난혼亂婚의 형태로 알려져 있다. 이러한 생활상은 사람이 자신을 낳아 준 어미만 분명할 뿐 아비가 누구인지는 알 수 없는 상황 아래 모계母系중심의 사회가 형성되었음을 짐작할 수 있다. 중국에서 가장 먼저 생긴 성씨가 여성을 뜻하는 희姬 씨라는 것도 이를 뒷받침해 주고 있다.

상고 시대 혼인의례를 살펴보면 부여扶餘에서는 일부일처제였으나 형이 죽으면 형수를 처로 맞이하는 관습이 있었고, 예濊에서는 동성同姓끼리 혼인을 하지 않았다. 한편 진한辰韓

에서는 혼인을 예禮로 행하였으며, 남녀의 지위와 구실을 구별하였다는 기록이 있다. 옥저 沃沮에서는 여자 나이 10세가 되면 약혼을 하고 남자 집에 데려다 양육하였다. 그리고 성인 이 되면 본집으로 돌려보냈다가 남자 집에서 여자 집에 일정한 재물을 준 후에라야 혼인이 성립되는 민며느리제도를 행하였다.

고구려의 혼속은 남녀의 교제가 자연스럽게 이루어지고, 서로 좋아하면 부모의 허락 없 이도 자유롭게 혼인이 가능한 경우와 중매에 의한 혼인 풍속이 공존하였음을 벽화나 『삼국 유사』에서 찾아볼 수 있으며, 일부다처제의 풍습이 있었을 것으로 추정된다. 고구려 시조인 주몽은 해모수와 하백의 딸 유화와의 자유 혼인에 의한 출생이었다. 이때 유화의 부모는 중 매혼中媒婚이 아니었다는 이유로 꾸짖고 귀양을 보냈다는 기록이 있다. 또 『삼국사기』권14

고구려본기 대무신왕조에 의하면 남의 처첩妻妾과 우마牛馬와 재화財貨를 뺏고 행패를 일삼은 대신大臣 3인을 내쫓아 서인을 삼았다는 기록으로 보아 일반인들도 여러 명의 부인을 두는 일부다처제의 흔적을 찾아볼 수 있다. 그 외 중국의 고구려 혼인 풍속에 대한 기록에 의하면 혼인 당사자 간에 서로 좋아하는 뜻이 있으면 곧 혼인이 이루어졌다. 이때 돼지고기와 술을 남자 집에서 여자 집으로 보냈는데 만약 여자 집에서 재물을 받는 일이 있으면 큰 수치로 여겼다는 기록이 있다. 혼인의 인연을 맺으면서 남편이 아내에게 건네는 돈과 옷감은 부부 개인의 결연의 징표이자, 종족 보존을 위한 생산을 가능하게 하는 아내에 대한 공경의 의미라고 할 수 있다. 인류학자인 아놀드 반 겐넵은 혼인에 내포된 경제적 의미에 대해 여자가 그동안 소속되었던 가족, 마을, 종교 등 여러 집단이 생산적인 구성원을 잃는 것에 대한 보상의 의미이며 완수라고 해석하였다.

한편, 고구려에는 서류부가壻留婦家라는 독특한 풍습이 있었다. 이를 통해 보면 혼인할 때 여자보다 남자가 꽤 어려웠다는 것을 짐작할 수 있다. 남녀 간에 혼담이 성립되면 남자는 여자 집 뒤에 거처할 서옥壻屋: 사위 집을 짓고 해가 저물면 그 부모에게 동숙하기를 청하여 허락을 받는다. 이때 돈과 옷감을 제공한다. 남자가 그 집 일을 해주면서 처가살이를 하다가 자식을 낳아 장성하면 그때 비로소 남자 집으로 거처를 옮긴다. 남자가 장인丈人의 집에서 일을 해주면서 시작하는 혼인의 풍습에서 '장가 든다' 라는 말이 비롯되었다고 한다.

신라의 혼속은 매우 엄격하였다고 추정할 수 있다. 김유신의 누이 문희는 언니의 꿈을 사서 후에 무열왕이 되는 김춘추와 몰래 혼인 가약을 맺는데, 이를 사통私通이라 하여 국법에 따라 엄히 다스려 화형에 처할 위기에 놓이는 기록에서 엄격한 혼인제도의 면모를 엿볼 수 있다.

또한 『삼국사기』 권48 열전(8)에 의하면 용모가 단정하고 아름다운 설씨薛氏 여인은 늙은 아버지 대신 종군從軍한 가실嘉實과의 혼인 약조를 온갖 어려움 속에서도 끝까지 절개와 지

개신교회 혼인

정으로 우리의 혼인잔치와 같은 것이다.권광욱, 『육례이야기』, 제 1권, 해돋이, 1995 이후 혼인이라는 명칭보다는 결혼이라는 이름의 신식 결혼식이 유행하게 되었고, '혼인잔치를 베푼다' 보다 피로연이란 말이 정착되었으며 결혼식을 치루는 장소도 상업적으로 행하는 전문 예식장까지 등장하였다.

혼인의 어원

혼인의례는 다른 말로 이성지합二姓之合이라고도 하며 줄여서 혼인이라고 한다. 아주 먼 옛날에는 혼인을 어두울 혼昏 자를 사용하여 혼례昏禮라고 하였다. 고대 중국에서는 혼인을 저녁에 거행하였는데 이는 우주와 만물을 상징하는 음양오행 사상에서 비롯된 것이다. 남자와 여자가 짝을 지어 부부가 되는 일도 양陽과 음陰이 만나 조화를 이루는 것이므로 그 의식의 시간도 양인 낮과 음인 밤이 만나는 시각이어야 하고, 하루에 두 번 있는 음양의 교차 시간 중 날이 저무는 해질 무렵 저녁 시간을 택한 것은 혼인이 부부가 한 몸을 이루는 데 목적이 있으므로 혼인예식 후 첫날밤을 치루기에 합당하였기 때문이다. 또 '혼昏'은 남편(사위壻)을 뜻하고, '인姻'은 아내를 이르는 것으로 여인이 남자를 만나 성례成禮한다는 뜻이 담겨 있다. 따라서 결혼이라는 표현보다는 남녀 결합을 뜻하는 혼인이 더 적합한 말이다.

또 남자가 아내를 맞는 일을 '장가丈家든다'라고 하는데 이때 장가는 아내의 아버지 집, 다시 말해 처가妻家를 뜻한다. 이 말은 일찍이 모계성이 강했던 상고 시대의 풍습으로 고구려에서는 남자가 장가를 들려면 여자 집에서 처가살이壻屋를 해야 했던 전통에서 찾아볼 수 있다.

한편 혼인은 부부가 일신一身을 이룬다 하여 비익조比翼鳥, 연리목連理木 등으로 비교되기도 한다. 비익조는 암컷과 수컷의 눈과 날개가 각각 하나로, 서로 몸을 합쳐야만 두 눈으로 보고 두 날개로 날 수 있다는 상상의 새이다. 연리목은 뿌리가 다른 두 나무가 줄기에서 합쳐져 하나의 나무가 된 것을 말한다.

혼인의 정신

혼인의 참뜻은 한 쌍의 남녀가 정신적·육체적으로 하나가 되어 배우자에게 사랑과 신뢰를 바탕으로 도리를 다하는 데에 있다. 전통 사회에서의 혼인은 성인이 된 것을 증명하는 예이자, 사회의 최소 단위인 가정을 이루고 자손을 낳아 대를 잇는 의례이므로 그 뜻도 매우 중요시되었다. 각기 다른 환경에서 살아 왔던 남녀가 결합하여 하나를 이루는 것도 쉬운 일이 아니다. 여기에 양가兩家의 인연이 함께 형성되는 것이므로 사랑과 믿음의 혼인 정신 안에 혼인 절차의 격식도 예를 갖추어야 한다.

전통 혼례의 정신은 삼서육례三誓六禮에서 찾아볼 수 있다.

첫째, 혼인예식을 행하기 전에 신랑 신부가 자기를 있게 해 주신 부모의 은혜에 고마움을 표현하며 자식으로서의 도리를 다할 것을 맹세한다[誓父母].

둘째, 혼인은 대자연의 섭리에 순응하는 것이므로 하늘과 땅을 두고 영원히 변하지 않는 사랑과 신뢰로 음양의 이치인 하늘과 땅에 맹세한다[誓天地].

셋째, 신랑 신부는 배우자에게 사랑과 신뢰로써 한평생 남편과 아내의 도리를 다할 것을 서약한다[誓配偶]. 이 서약에는 남녀의 평등사상을 엿볼 수 있다. 전통 혼례의 부부상을 흔히 남존여비의 사상으로 생각하기 쉬우나 그렇지 않다. 전통 혼례의 정신은 '남편이 높으면 아내도 높고, 남편이 낮으면 아내도 낮다' 라고 규정했으며, 부부 간에 서로를 지극히 존중하며 공경의 말씨로 대화가 이루어져 온전한 평등정신을 보여 주고 있다.

이러한 삼서정신은 혼인의 절차인 육례에 앞서 혼인의 정신에 더 큰 비중을 두고 있음을 알 수 있으며, 현대의 혼인의례에 있어서도 혼인의 정신이 더욱 강조되어야 한다. 삼서정신의 좋은 점을 본받고 다음의 혼인정신을 조화롭게 더해보면 성공적인 혼인이 될 수 있을 것이다.

첫째, 부부는 사랑과 신뢰 속에 서로가 다르다는 것을 인정해야 한다. 우리나라 문화에는 서로의 다른 점을 잘못(죄)으로 보는 경우가 종종 있다. 그래서 사소한 다툼이 일다가 결국에는 파국으로까지 치닫는다. 많은 사람들이 자신과 다른 견해나 습관, 의식 등은 모두 틀렸다고 생각한다. 이는 다른 것different과 틀린 것wrong을 구분하지 못하기 때문에 생기는 것이다. 다르다는 것은 차이를 의미한다. 그리고 틀리다는 것은 맞고 틀림을 나타내는 것이다. 서로 다른 환경 속에서 자라온 부부는 다를 수밖에 없다. 차이를 인정하고, 서로의 다른 점을 받아들여 배우자를 이해하는 것이 무엇보다 중요하다.

둘째, 부부는 배우자에게 자기 자신이 될 수 있는 자유를 주어야 한다. 부부는 종속의 관계가 아니다. 혼례의 역사에서도 살펴보았듯이 부부는 평등한 관계가 되어야 한다. 남편은 남편으로서, 아내는 아내로서 설 수 있는 자유가 허락되어야 한다. 서로를 귀속하고 종속시키는 것이 아니라 존중해 주고, 아껴주며 자신의 위치에 자유롭게 설 수 있도록 자유를 주어야 한다.

셋째, 서로가 성장할 수 있도록 힘을 실어주는 너그러움을 가져야 한다. 부부의 결합으로 탄생되는 가정은 거듭 태어나는 삶, 즉, 새로운 삶을 사는 것이다born again. 지금껏 자유의지의 선택이 아닌 주어진 환경 속에 있어 온 나에게 남편(아내)을 받아들이고, 스스로 가꾸어 가는 삶을 책임지는 것이 혼인이다. 따라서 남편은 아내를, 아내는 남편의 재능과 좋은 점은 더욱 성장하고 유지하게끔 도와주고 부족한 부분은 상호보완해 주면서 서로가 더 나은 성장의 장을 여는 지혜가 필요하다.

넷째, 서로의 자존심을 세워주어야 한다. 자존심은 가장 기본적인 예의만 다하면 지켜지는 것이다. 예의란 상대방을 배려하려는 따뜻한 마음에서 비롯된다. 아내는 남편을, 남편은 아내를 매 순간마다 따뜻한 마음으로 배려하다보면 상대방을 자극하지 않게 되고 자존심 또한 다치는 일도 없게 된다.

인간은 사소한 일에 상처를 받는다. 작은 상처가 쌓이다 보면 나중에는 자신도 모르게 험한 말과 행동이 나오게 된다. 여기서 자존심을 건드리게 되는 것이다. 집안에 큰 우환이 닥쳤을 때 대부분 가족 모두가 힘을 합쳐 위기를 극복하지만, 작은 상처로 인해 소소하게 쌓인 불신과 화는 회복하기 어렵다. 무슨 일이든 꾹 참고 인내하라는 것이 아니라, 상대에게 베풀 수 있는 작은 작은 배려로 부부의 예를 다하라는 것이다. 상대방을 무시하는 말과 행동이나, 처가나 시댁 식구들에 대한 험담은 돌이킬 수 없는 상처의 아픔을 주므로 특히 주의해야 한다. 따라서 부부는 혼인하는 순간부터 말과 행동을 다스리는 습관을 길러야 하며 따뜻한 마음을 가지도록 노력해야 한다. 부부 간에는 "가는 말이 고와야 오는 말이 곱다"라는 옛말을 항상 마음속에 새겨두는 것이 중요하다.

다섯째, 서로에 대한 기대보다는 희망을 가져야 한다. 물론 상대방의 기대에 어긋나지 않도록 최선을 다해야 하지만 기대가 큰 만큼 실망도 커진다는 것을 알아야 한다. 기대를 하면 할수록 상대로 하여금 요구를 하게 된다. 요구를 하다보면 재촉하게 되고, 상대방은 그에 부응하기 위해 고민과 많은 스트레스를 받을 수 있다. 기대가 크면 클수록 상대방의 부담은 무거워진다. 그래서 기대보다는 희망을 갖는 것이 좋다. 희망은 긍정의 힘을 가지고 있다. 묵묵히 배우자를 지켜보며 믿음과 신뢰로 희망을 심는 것이 배우자를 위한 배려이다.

이 밖에도 부부가 혼인생활을 하면서 늘 좋은 말과 행동을 유지하고, 서로에게 실수할 수 있는 여유를 주는 것도 중요하다. 이러한 혼인의 정신을 부부가 잘 지켜갈 수 있도록 양가의 부모들도 부부가 다름을 인정하고 특히, 실수를 허용하는 배려가 있어야 한다.

혼인의례에 쏟는 정성

전통 사회에서의 혼인은 남녀 간의 개인적인 결합과 함께 양가兩家의 인연이 맺어지고, 또 일생을 함께할 반려자를 선택하는 일이므로 한 번 정하면 도중에 바꿀 수가 없고, 생을 마감할 때까지 동행해야 하는 일생일대의 중대한 예다. 따라서 신중에 신중을 기하는 예가 혼인이다 보니 평생 평화롭고 행복한 삶을 유지하기 위해 부모가 애틋한 마음으로 온갖 정성을 기울이게 되었다. 그리고 그에 따른 금기도 생겨났다.

옛날 수운壽運과, 혼인운婚姻運, 관운官運을 두루 갖춘 삼회대三回帶: 회갑回甲, 회혼回婚, 회방回榜 때 두르는 복띠라고 불리는 서대犀帶: 무소뿔로 만든 띠가 있었는데 혼사를 치루는 사람들이 이 복띠를 서로 앞 다투어 빌려갔다는『임하필기林下筆記』의 기록에서도 자녀에게 혼인의 복을 누리게 하려는 정성을 읽을 수 있다. 또 전안례奠雁禮는 나무로 조각하여 채색한 나무 기러기[木雁]를 드리는 예인데 이는 혼인 불변의 언약을 표현하는 예절이다. 기러기는 한 번 짝을 정하면 암수가 떨어지지 않고 지조를 지키는 신의와 순종, 정절이 깊은 길조吉兆이므로 이 상징을 혼수이불이나 베게에까지 수를 놓아 원앙금침鴛鴦衾枕을 만들어 주었다. 옛날에는 혼수이불을 신부 집에서 직접 만들었는데 솜을 놓고 이불을 꾸밀 때 집안이나 동네어른 중에 손이 귀하지 않고 자식들이 반듯하며, 다복하고 부부 해로偕老하는 분을 모셔다가 첫 바느질을 뜨게 하였다. 이 또한 딸이 시집가서 잘 살기를 바라는 마음에서다.

이렇듯 혼인의례에 소용되는 물품과 음식의 대부분이 풍요, 생산, 장수, 좋은 부부 금슬琴瑟: 거문고와 비파를 말함. 부부 사이의 애정. 부부 사이의 다정하고 화목한 즐거움. 금실과 같은 말, 복의 기원 등의 의미가 깃들어 있다. 혼례 떡에 주로 쓰이는 차진 찹쌀은 부부의 금슬, 붉은 팥은 벽사의 의미, 대추와 밤은 자손번창과 재물의 결실, 음과 양의 조화를 나타낸다. 봉치떡의 경우 함을 받는 절차를 마친 후에는 신랑 신부에게 이 떡을 먹이고 또 바깥으로 떡을 내보내지 않는다고 한다. 원래 우리 민족은 농경 사회에서 비롯된 공동체 의식이 강했고, 콩 한 쪽도 나눠 먹는다는 말이 있을 정도로 이웃과 음식을 나누는 정이 깊은 민족인데 이 떡만큼은 이웃과 나누지 않았다고 한다. 이것은 신랑 신부에게 들어 올 복이 밖으로 새어나가는 것을 염려했기 때문이라는 속설이 있지만 혼례의 대사에 그만큼 신중을 기했다고 할 수 있다. 또 함을 보낼 때 목화 몇 송이와 팥 몇 알을 넣어 보내기도 하는데 이 역시 풍요와 다복을 기원하는 의미이다. 함을 받아 펼쳐 보일 때 오복을 두루 갖춘 사람에게 함을 열게 하는데 이 또한 신부에게 복이 가득하길 바라는 뜻이 담겨 있다.

　간혹 혼인의례에 관계되는 모든 기복신앙을 미신적이고 주술적이며 낡은 풍습으로 해석하는 경우가 있으나 자식의 풍요로운 삶을 바라는 부모의 정성어린 마음으로 봐야 할 것이다. 다시 말해 자식이 살면서 앞으로 겪게 될 여러 풍파가 피해가기를 바라는 부모의 관심과 사랑의 표현이 결집된 미풍양속이라고 생각하는 것이 더욱 바람직하다.

혼인의 상징 대추와 밤, 엿

대추

대추는 혼인에서 남녀의 결합을 뜻하는 음양陰陽의 조화와 벽사辟邪의 의미로 사용되기도 하고 자손번창을 뜻하기도 한다. 또 부부가 평생을 함께 해로하는 데 있어 겪게 되는 여러 고난 극복에 대한 지혜로움을 대추의 특성에서 찾기도 한다.

동양사상 속 음양오행설陰陽五行說에서 보면 만물에는 음양이 있으며, 음양은 어디까지나 상대적인 것으로 모든 만물은 음과 양으로 구분된다. 이를테면 하늘[天]은 양이고 땅[地]은 음이며, 남자는 양, 여자는 음, 더위는 양, 추위는 음, 낮은 양, 밤은 음 등으로 구분된다. 이렇게 구분된 음양은 음은 양을, 양은 음을 구하게 되고 음과 양의 부족을 서로 보완하여 조화가 잘 이루어질 때 온전함이 가능해지는 것이다. 부부는 남과 여의 조화로 온전함을 이루는 혼인이 성립되는데 바로 대추의 붉은색이 양, 즉 남자를 의미하는 것이다.

또 대추의 붉은색은 액을 쫓는 주술적 의미가 있는데 이는 대추를 액막이로 사용하여 새 가정을 이루는 부부의 앞날이 평안하기를 기원하는 하나의 습속이다. 대추나무는 꽃을 피우면 반드시 열매를 맺는다. 따라서 꽃마다 열매를 맺으니 가지가 휘어지도록 주렁주렁 대추열매가 열리게 된다. 이는 부부가

대추

대추, 밤, 엿은 구절판에 빠지지 않고 들어간다.

혼인을 하면 자식을 많이 생산하여 종을 보존하고 대를 이어나가야 한다는 자손 번창의 메시지가 담겨져 있다.

한편 대추나무는 자연재해의 역경을 잘 견디어내는 특성을 가지고 있다. 대부분의 다른 과일나무는 태풍 등 비바람이 몰아치면 익기 전에 열매가 땅에 떨어진다. 그러나 대추는 비바람이 세차게 불면 불수록 잘 여무는 특징이 있다. 부부의 연으로 만나 한평생 가정을 이루는 데 있어 누구나 어려운 일을 겪게 마련이다. 부부의 삶에서 이러한 어려움에 직면하거

나 풍파에 시달릴 때 대추의 특성을 본보기로 모든
역경을 이겨나가라는 의미가 깃들여 있다.

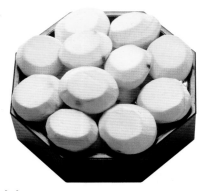

밤

밤

밤은 음이며 양인 대추와 함께 조화를 이룬
다. 또 밤의 한자는 율栗이다. 栗의 자획을 풀어보
면 서목西木이 되는데 서西는 오행에서 백색이며 금
金에 해당된다. 오행은 金, 水, 木, 火, 土 의 다섯 가지이
고, 방위로는 金이 서방이다. 서는 계절로 보면 추수를 하는 가을
을 뜻하므로 생산과 풍요의 의미를 가지고 있어 혼인에 많이 사용한다.

한편 대부분의 식물이 씨앗을 뿌리면 떡잎이 먼저 나고 뿌리가 나는 데 반해 밤나무는
뿌리가 먼저 나고 줄기와 떡잎이 난다. 따라서 뿌리가 먼저 나는 특성에서 뜻하는 바와 같
이 밤은 "뿌리 없는 줄기와 잎은 없듯이, 부모의 존재 없이 자식이 태어날 수 없다"라는 부
모와 자식을 연결하는 인류의 끈을 상기시켜 주는 의미가 있다. 따라서 혼인을 하여 장차
부모가 되는 이들에게 "씨앗에 충분한 영양을 공급하여야 튼튼한 뿌리가 나고 줄기와 잎이
나는 것이니, 부모는 씨앗의 역할을 다하여 자식들을 잘 키워야 한다" 라는 부모 역할의 중
요성을 일깨워 주는 또 다른 의미도 있다.

엿

예부터 명절이나 대사에는 반드시 엿을 고는 풍습이 있었다. 에너지원을 공급하는 지혜로
운 식품인 엿은 잘 붙는 특성 때문에 혼사의 폐백 음식이나 이바지 음식에 빠지지 않는 물목
이다.

혼사에 고아 보내는 엿은 고된 시집살이를 하게
되는 딸에 대한 친정 어머니의 마음이 담겨 있
다. 옛말에 시어머니 시집살이보다 시누이 시
집살이가 더 매섭다는 말이 있는데, 혼인 엿
은 시누이 입막음용이라고들 한다. 엿은 매우
단단하여 먹는 데 시간이 오래 걸리고, 입안에
서 잘 붙는 성질 때문에 엿을 먹는 동안에는 잔소
리를 할 겨를이 없다. 잘 붙으며 단맛을 지닌 엿을 시
누이와 시어머니가 즐기면서 갓 시집온 새색시를 곱게 봐

엿

주기를 바라는 것이다.

한편 엿은 부부의 인생 여정의 의미를 나타낸다고 생각할 수 있다. 엿의 제조과정을 보면
쌀을 씻어 밥을 짓고 여기에 엿기름을 넣어 밥알이 잘 삭기를 기다린다. 엿기름을 넣어 밥
알이 흐물흐물하게 삭아 없어지는 형태는 때로는 삶에서 속이 뭉개지는 아픔과 가슴이 타
는 듯한 쓰라림을 겪으면서 마음이 닳고 닳아 없어지는 모습을 형성화한 것이라고 볼 수 있
다. 엿의 과정이 인생 행로와 어찌 그리 비슷할 수가 있을까? 그 다음 겻불로 뭉근하게 달이
는 과정을 거친다. 다 고아지면 엿을 키는데 이때 두 사람이 엿가락을 서로 잡고 국수 빼듯
이 수없이 엿가락을 늘려야 엿이 희어진다. 이렇게 엿기름으로 밥알을 삭히고, 두 사람이
힘을 합쳐 엿가락을 늘리는 오랜 과정을 거쳐 엿이 완성되면 달디 단 단맛을 지닌다. 혼인
한 부부도 한생에서 숱한 우여곡절을 겪게 되고 이 인생 여정을 지혜롭게 극복하면 엿처럼
달콤한 행복을 맛보리라고 생각한다.

전통 혼인의례의 절차

혼인은 남녀의 결합으로 새 가정을 꾸리고 가업 계승과 조상을 숭배하며, 자녀를 낳아 대대로 집안을 번성하게 하는 데 기본이 되는 의례이기 때문에 인생에서 가장 성대한 의식을 행한다.

혼인은 두 남녀가 사회적으로 공인을 받는 하나의 과정이므로 일정한 의례를 거쳐서 잔치를 베풀며 행하는 것이 예로부터의 통례이다. 여기에는 여러 가지 절차가 있다. 혼례 절차의 대표적인 규범은 중국 '주육례' 였다. 그러나 이 규범이 너무나 형식적이고 번거로운 면이 많다고 하여 보다 간소화한 '주자사례' 의 규범이 제시되었고, 이것이 우리나라의 혼

전통 혼례

속에도 적지 않은 영향을 미친 것은 사실이다. 그러나 중국의 혼속을 그대로 받아들인 것이 아니라 우리의 전통 혼인 예속에 중국의 것을 흡수하였다고 볼 수 있는데 혼례식을 신부 집에서 행한 것이 중국과 다른 가장 큰 차이점이다.

다음은 중국과 우리나라의 혼속을 비교해 본 것이다.

우리나라와 중국의 전통 혼례 비교

우리나라 전통 혼인의례	주자사례朱子四禮	주육례周六禮
• 혼담婚談: 남가男家에서 청혼하고 여가女家에서 허혼하는 절차 • 납채納采: 신랑의 생년월시를 적은 사주四柱를 보내는 절차 • 납기納期: 혼인날을 택일해 보내는 절차 • 납폐納幣: 남가에서 여가에 예물을 보내고 받는 절차 • 대례大禮: 신랑이 여가에 가서 혼례를 행하는 절차 • 우귀于歸: 신부가 신랑을 따라 시댁으로 들어가는 절차	• 의혼議婚: 혼인할 것을 의논하는 절차 • 납채: 며느리 삼기로 결정했음을 알리는 절차 • 납폐: 남가에서 예물을 보내는 절차 • 친영親迎: 남자가 여가에 가서 규수를 데려다가 예식을 올리는 절차	• 납채: 남가에서 여자를 채택할 뜻으로 여가에 알리는 절차 • 문명問名: 신부될 규수의 어머니가 누구인지 묻는 절차 • 납길納吉: 남가에서 혼인하면 좋은 것이라는 뜻을 여가에 알리는 절차 • 납징納徵: 남가에서 혼인의 징표로 물건을 보내는 절차 • 청기請期: 남가에서 여가에 혼인날을 정해달라고 청하는 절차 • 친영: 신랑이 여가에 가서 규수를 데려다가 예식을 올리는 절차

현대의 혼인의례

　다양한 문화가 공존하는 현대 사회에서의 혼인은 전통 의례와는 다른 새로운 혼례문화를 가져왔다. 전통적인 혼인은 종족 보존과 혼인 당사자에 우선해서 집안과 집안의 결합으로 인한 공동체로써의 굳은 유대를 중시하는 것에 비해 현대의 혼례는 일생을 함께 할 반려자

현대 혼례

를 선택하는 것이므로 혼인할 남녀의 뜻에 더 무게를 두는 개념이 우세하다. 오늘날의 혼인은 전통 의식과 소위 말하는 신식 결혼의 절차가 서로 절충되어 조화를 이루며 '우리 것化' 되어 이루어지고 있다. 예식의 경우 서구화와 종교적인 영향을 받아 장소부터 혼인할 남녀의 집이 아닌 교회, 절, 공공장소, 호텔, 음식점 등 별도의 예식장에서 행해지나, 함보내기(납폐), 폐백, 혼인 잔치 등 혼인 전후의 절차는 옛 전통을 지켜서 행하고 있다. 현대의 혼인은 대개 다음의 절차로 시행하고 있다.

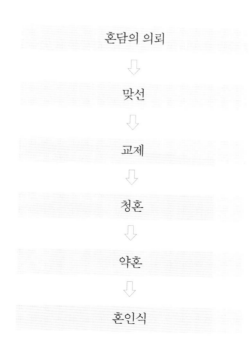

❖ 혼례 때 잔치 음식 마련 풍경

혼인은 인생에서 가장 성대한 의례이므로 큰 잔치를 베푼다. 혼인은 한 집안
의 경사이면서 또한 온 동네의 경사였다. 우리의 오래된 전통으로 동네에 대소
사가 있을 때엔 의례히 너도나도 서로 협력하여 일손을 모아 일을 처리하곤 했
다. 혼인 역시 동네의 경사로 큰 잔치를 치른다.

혼인날이 정해지면 먼저 접대할 손님 수를 가늠하여 떡에 소용되는 쌀의 수

배추전

무전

량부터 몇 근 나가는 돼지가 몇 마리 필요한지 등등 잔치에 필요한 기명器皿과 식품의 모든 물목을 파악하고 준비하는 과정을 이웃의 도움과 품앗이로 진행하게 된다. 잔치 음식 준비에서 돼지를 잡아 삶고 써는 일은 남성이 하고, 국수를 삶고 전을 부치는 등의 음식 만들기는 여성이 하는 등 남녀의 공동협력과 역할 분담 속에 차질 없이 이루어지는데 이때 일을 도맡아 하는 이웃들을 잘 대접하는 풍습이 있었다. 경상도의 한 풍습으로는 잔치도우미로 온 이들을 배려하여 콩나물잡채나 무전, 배추전 등을 풍성히 만들어 대접하여 먼저 배를 불리고 흡족하게 한 뒤에 본격적인 잔치 음식을 장만하였다. 또 돼지고기를 삶은 솥에 선지와 우거지를 넣고 해장국을 만들어 한 잔 술을 곁들여 여러 잔치 일을 하는 이들을 먼저 먹이는 국밥의 풍습도 있었다. 이 풍성한 음식 대접에는 곧 장만하게 되는 혼인 음식 절약의 의미도 숨겨져 있다.

　잔치 음식 도우미를 대접하기 위한 이들 애벌음식은 비교적 조리가 쉽고 에너지원이 되는 음식이며, 다량 조리에 알맞은 것으로 장만한다.

콩나물잡채
콩나물에 소금을 넣고 삶아낸 다음 인절미콩고물로 무쳐낸 잡채. 구수한 맛이 별미이고 콩의 건강 기능성이 돋보이는 음식이다.

혼례 음식

혼례 음식은 혼담이 오가는 것에서부터 시작하여 근친近親: 시집간 딸이 친정에 가서 어버이를 뵙는 일까지 길고 복잡한 혼인의례 과정에서, 그 절차마다 의미에 맞게 차려내는 음식을 말한다. 그 의례의 의미에 맞게 혼례 음식이 차려진다.

혼례 음식은 납폐의 봉치떡(봉채떡), 대례상, 큰상, 입맷상, 현구고례見舅姑禮 때에 드리는 폐백, 이바지 음식 등이 있으며 각 의식에 따라 상차림과 음식의 구성이 다르다.

봉치떡

봉치떡은 납폐 의례 절차 중에 차려지는 대표적인 혼례 음식이다. 혼례식 전날 해질녘에 그날의 길흉이나 양가의 형편에 따라 혼례일 며칠 전에 보내기도 함 신랑 측에서 신부 측에 납폐를 한다. 납폐는 혼서婚書와 채단采緞인 예물을 함에 담아 보내는 것을 말하며, 이 함을 받기 위하여 신부 집에서 준비하는 음식이 바로 봉치떡이다.

봉치떡은 일명 봉채병奉菜餠이라고도 하는데 찹쌀 3되와 붉은 팥 1되를 고물로 하여 시루에 2켜만 안치고 윗 켜 중앙에 대추 7개와 밤을 둥글게 박아서 함이 들어올 시간에 맞추어 찐다. 함이 오면 받아 시루 위에 놓고 북향 재배한 다음에 함을 연다.

봉치떡을 찹쌀로 하는 것은 부부의 금슬이 찰떡처럼 잘 화합하여 살기를 기원하는 뜻이며, 붉은 팥고물은 액을 면하게 되기를 빈다는 의미가 담겨 있다.

대추와 밤은 자손번창의 의미를 상징하고 떡을 2켜만 안치는 것은 부부 한 쌍을 뜻한다. 또 찹쌀 3되와 대추 7개의 3과 7이라는 숫자는 길함을 나타내고 있으며, 3이라는 숫자는 하늘[天], 땅[地], 사람[人]을 의미하기도 한다. 대추와 밤은 따로 떠 놓았다가 혼인 전날 신부가 먹도록 한다.

한편 봉치떡은 신랑 측에서도 준비하여 함을 시루 위에 올려 놓았다가 보낸다.

봉치떡

함 받기

　함은 혼례 전에 신랑 집에서 혼서지婚書紙와 혼수 및 물목을 넣어 신부 집에 보내는 예물로 납폐 또는 납채라고도 한다. 혼수는 형편에 맞게 하는 것이 도리이며 보통 청색과 홍색두 가지 한복감을 준비하는데 이것을 채단采緞이라고도 한다. 혼서지에는 신랑의 이름, 생년월일과 함께 예를 다하여 함을 드린다는 내용을 적는다. 함을 보내는 시기는 양가가 의논하여 혼례 전날이나 며칠 전에 보낸다.

함을 받는 전통적인 절차

1. 신부 측에서는 함 받을 장소를 정하여 자리를 깔고 병풍을 친다. 병풍 앞에 둥근 소반을 놓는다.
2. 소반 위에는 봉치떡 시루를 올려놓고 붉은 보로 덮어둔다.
3. 신랑 측 일행이 도착하면 신부의 아버지가 병풍 앞에서 상을 향해 선다.
4. 신부 측 집사가 신랑 측 일행을 인도한다. 신랑 측 집사는 상의 서쪽에서 동쪽을 향해서고 함진아비는 집사의 오른쪽 뒤편에서 동쪽을 향해 선다. 신부 측 집사는 동쪽에서서쪽을 향해 선다.
5. 신랑 측 집사가 신부 측 집사에게 혼서 함을 두 손으로 건넨다.
6. 신부 측 집사는 혼서 함을 받아 열어서 혼서지를 꺼내 신부 아버지께 올린다.
7. 신부 아버지가 혼서지를 읽은 후 집사에게 주면 집사는 다시 혼서 함에 넣어 원래대로묶는다.

8. 신부의 아버지가 신랑 측 일행에게 수고에 대한 인사말과 함께 납폐를 받겠다고 말한다.

9. 신부 측 집사가 서쪽으로 와서 신랑 측 집사를 도와 함진아비에게서 함을 벗겨 봉치떡 시루 위에 올려놓는다. 이때 함진아비가 함을 내려놓지 않으려고 승강이를 부리는 경우가 있는데 이는 함진아비 일행이 노자를 챙기려는 장난기 있는 의도이다. 따라서 '함을 산다'는 말이 여기에서 비롯되었다고 본다.

10. 신부 아버지가 상의 동쪽 자리 위로 옮겨 상을 향해 두 번 절한다.

11. 함을 조상의 위패 앞으로 옮긴다.

12. 신랑 측 일행을 극진히 대접한다.

함 받는 모습

❖ 간소한 함 받기의 예

1. 함 받는 장소를 정해 자리를 깔고 병풍을 친 다음 병풍 앞에 상을 놓는다.

2. 상을 홍보로 덮고 그 위에 봉치떡 시루를 얹는다.(봉치떡 시루 위를 홍보로 덮어두기도 한다)

3. 함이 도착하면 봉치떡 시루 위에 함을 얹고 잠시 예를
   집안의 종교 등을 고려하여 신부 아버지가 절을 하거나 기도를 한다 표하고 함을 연다. 이때 오복을 두루 갖춘 사람이 함을 열어 모인 친지들에게 보여준다.

함진아비

옛날에는 집안의 하인이 함진아비 역할을 하였는데 다남다복多男多福하고 내외가 해로한 하인을 가려서 보냈다. 오늘날은 신랑의 가까운 친구들이 함을 지는 것이 보편화되어 있

다. 3명의 신랑 친구들이 등불을 밝혀 들고 신부 집으로 가서 함이 도착했음을 알린다. 이때 이웃에 방해가 되는 행동이나 함을 두고 재미삼아 지나친 사례를 요구하여 신부 집을 곤혹스럽게 하는 일은 삼가야 한다. 신부 집에서는 함진 이들에게 교자상을 차려 정성껏 대접한다.

대**례상**大禮床

대례는 혼인예식을 행하는 의례의 상차림을 말한다. 남녀가 만나 부부가 되는 의식이 사람에게 있어서 가장 큰 행사이므로 대례상 또는 동뢰상同牢床이라고 한다. 혼인예식이 주로 초례청에서 많이 행해졌으므로 일명 초례상이라고도 한다.

우리의 전통에서는 신랑이 신부 집으로 와서 혼례를 행하는데 신부 집에서는 사랑마당이

대례상은 동뢰상이나 초례상으로도 불린다.

혼례 음식

나 안마당 중간에 전안청奠雁廳: 혼인 때 신랑이 신부 집에 기러기를 가지고 가서 상 위에 놓고 절하는 곳. 새끼를 많이 낳고 차례를 지키며 배우자를 다시 구하지 않는 기러기같이 살겠음을 다짐하는 의미가 있다을 준비한다.

　신랑이 당도하면 먼저 전안청에 목기러기를 올려놓고 절한 후 초례청으로 안내되어 혼례식(교배례交拜禮)을 행한다.

　초례청은 안대청 또는 안마당에 준비한다. 목단병牧丹屛: 목단꽃을 그리거나 수놓은 병풍을 치고 대례상을 남향으로 놓고 그 위 청홍색의 굵은 초 한 쌍, 소나무 가지에는 홍실을 걸치고 대나무 가지에는 청실을 걸친 꽃병 한 쌍을 놓는다. 대례상에 차리는 음식으로 지방에 따라 다르나 백미, 밤, 대추, 콩, 팥, 용떡, 달떡을 두 그릇씩 준비하여 놓고 청홍색 보자기에 싼 암탉과 수탉을 남북으로 갈라놓는다. 청색 실은 신부의 색이고 홍색 실은 신랑의 색으로 청홍색은 부부 금슬을 상징한다.

　소나무와 대나무는 굳은 절개와 지조를, 대추와 밤은 장수와 다남多男을 상징하므로 반드시 놓는다.

폐백 幣帛: 신부가 처음으로 시부모께 인사드리는 예절

옛날엔 혼례 날이 되어야만 신부가 신랑과 시부모님을 뵐 수 있었다. 이날 신부 집에서 정성껏 마련한 음식으로 신부가 시부모님과 시댁의 여러 친척에게 첫 인사를 드리게 되는데 이 예절이 폐백이다. 이것을 현구고례라고도 한다. 지방과 가풍에 따라 다소 차이가 있

현대 폐백

지만 일반적으로 대추고임과 쇠고기 편포, 또는 육포, 대추고임, 닭찜, 구절판 등으로 한다. 서울의 경우 시부모님께는 편포 또는 육포, 밤, 대추, 술로 하며 시조부님께는 닭, 대추와 밤으로 한다. 『예기』에 "폐백은 반드시 정성스러워야 한다"라고 되어 있듯이 오랜 전통으로 계승되어 오는 폐백은 예나 지금이나 정성을 다한다.

폐백 올리는 순서

대청이나 폐백실에 병풍을 친 다음 신부가 준비해 간 대추고임, 육포, 닭찜, 구절판, 술 등으로 주안상을 차려 놓고 시아버지는 동쪽, 시어머니는 서쪽에 앉아 며느리의 인사를 받는다. 큰절로 인사를 하고 술을 한 잔씩 올린다. 시아버지께는 대추와 밤을 올리고, 시어머니에게는 육포를 올린다. 시아버지께 대추와 밤을 폐백으로 올리는 것은 "부지런하고 조심스러운 마음으로 시집살이를 하겠습니다"라는 의미가 있고, 시어머니에게 쇠고기로 만든 육포를 올리는 것은 "정성을 다해서 모시겠습니다"라는 뜻이 담겨 있다고 한다. 예의 순서는 비록 시조부모가 생존해 계시더라도 시부모에게 먼저 인사를 올린 다음에 시조부모를 뵙는다. 그 다음에는 촌수와 항렬의 순서에 따라 예를 올린다. 옛 풍습은 신랑의 직계 존속에게는 술잔을 올린 다음 4배하고 기타 친척들에게는 1배하는 것이 원칙이었다.

오징어 꽃오림

전라도에서는 대추고임과 꿩 폐백 또
는 오징어나 문어를 오려 만든 봉황 폐
백을 한다.

경상도에서는 주로 대추와 닭 폐백
을 올린다.

이북지방에서는 대부분 폐백문화
가 두드러지지 않는다. 반면 개성지방
의 혼례 음식문화는 매우 독특하다. 과거
정치적·문화적·경제적으로 번성했던 고

봉황 폐백

개성 폐백

려 도읍지로서의 특성이 그대로 나타나는 개성 폐백의 경우 남녀를 상징하여 두 개를 만드는데 크기도 클 뿐 아니라 화려한 모습을 갖추고 있다. 주로 모약과, 주악, 전류, 포, 밤, 대추와 사과, 배 등의 과일류, 당속류, 닭찜 등으로 만든다. 두 개 가운데 하나는 여자를 상징하는 것으로 모약과, 전류, 포 등을 둥글게 쌓아 올리면서 위쪽에 삶은 달걀을 두르고 맨 위에 입에 대추를 물린 암탉을 얹는다. 다른 하나는 남자를 상징하는 것으로 주로 과일을 쌓아 올리는데, 밤, 대추, 배, 사과 등 계절에 따라서 선택하여 고이며 그 안에 절육, 전, 포 등을 쌓고 맨 위에 밤을 입에 문 수탉을 얹는다. 닭 주위에는 20cm 길이의 꼬챙이를 5~6가닥으로 끝을 갈라 낸 후 각 가지마다 당속(젤리), 문어꽃오림, 대추, 밤 등을 색색으로 화려하게 꽂아가면서 가득 채운다. 또 곱게 빻은 멥쌀가루를 더운물에 반죽하여 갖가지 물을 들여서

대추고임

학 등의 새를 만들어 꽂기도 한다. 이것을 홍홍紅紅 또는 청홍靑紅색의 보자기로 싼다.

- 대추고임－굵고 벌레 먹지 않은 대추를 골라서 깨끗하게 씻어 건진 후, 표면에 술을 뿌려 두었다가 대추 하나하나에 양쪽으로 잣을 박는다. 준비한 대추를 길게 꼬아 만든 굵은 다홍실에 한 줄로 꿴다. 실에 꿴 대추는 둥근 목기에 쌓아 올린다.

- 편포－쇠고기를 살코기 부위로 홀수인 3, 5 또는 7근을 준비한 뒤, 이를 곱게 다져 양념을 하여 두께 3~4cm, 길이 25~27cm, 너비 10cm 정도를 반대기를 지어 둘로 나눈다. 이것을 쟁반의 길이에 맞춰 타원형으로 만들어 말리다가 반쯤 말랐을 때 설탕과 참기

편포

름을 바르면서 표면을 매끄럽게 다듬어 다진 실백을 고명으로 뿌린다. 너비 8cm가량
의 청홍색 종이에 근봉謹封이라 써서 띠를 만든 다음, 준비된 편포 가운데를 둘러 목판
에 담는다.

• 육포－쇠고기를 얇고 넓게 포 떠서 양념한 뒤 채반에 넣어 뒤집어 가며 말린다. 육포의
　가장자리를 잘 다듬어 차곡차곡 쌓고서 청·홍띠로 감는다.

육포

과 팔보당, 옥춘당과 같은 당속류, 문어로 오린 봉황, 떡, 편육, 전과 같은 여러 가지 음식을 30~56cm 가까이 높이 고인다. 색상을 맞추어서 2~3열로 줄을 맞추어 배열한다. 이때 같은 줄의 음식은 같은 높이로 쌓아 올려야 하며 원추형 주변에 축祝, 복福, 희喜 자 등을 넣어가면서 고인다. 신랑 신부 앞으로는 국수장국이나 떡국으로 입맷상을 차린다. 입맷상은 신선로 또는 전골, 찜, 전, 나물, 편육, 회, 냉채, 잡채, 나박김치, 과자, 떡, 음료 등 여러 음식을 차린다. 고임에는 상화床花: 고임 음식에 장식된 꽃를 꽂기도 하고 큰상 앞에는 떡을 빚어 구성한 떡꽃을 놓아 장식한다.

큰상을 받는 신랑 신부는 바로 앞에 차려놓은 입맷상 부분의 음식만을 들고 높이 고인 음식은 의식이 끝난 후에 헐어서 여러 사람에게 나누게 되므로 이 큰상을 그저 바라만 본다고 하여 망상望床이라고도 한다. 요즘은 대개 신혼여행에서 돌아오는 날 신부 집에서 차리며, 신행新行 때 신랑 집에서도 차린다.

입맷상

여러 모양의 상화

상화(도화桃花)

상화(모란꽃牡丹花)

혼례 음식 만들기

음식편

해파리 갖은 채소냉채

재료		소스		소금	1~1½큰술
해파리	1Kg	설탕	½컵	다진마늘	1큰술
양상추	200g	식초	½컵	다진청고추	½큰술
적채	200g	배즙	½컵	다진홍고추	½큰술
오이	2개	레몬즙	2큰술		
무채	200g	연겨자	1작은술		
치커리	200g	간장	1작은술		

1 해파리는 여러 번 씻어 물이 끓을 때 불을 끄고 얼른 데쳐 내어 찬물에 담근 후 여러 번 물을 갈아준다.

2 1의 해파리는 물을 꼭 짜서 식초, 설탕, 소금 약간을 넣고 주물러 차게 보관한다.

3 채소는 각각 고운채로 썰어 찬물에 헹궈 물기를 제거하고 차게 한다.

4 모든 재료는 물기를 거두고 접시에 예쁘게 담아낸다.

5 먹기 직전 소스를 뿌려 낸다.

Tip.

모든 재료는 살아 있는 듯 신선하고 먹음직스럽게 담아낸다.
또한 해파리는 특유의 냄새를 제거하기 위해 파인주스나 레몬즙에 빨아주는 것이 좋다.

사태편육냉채

고기를 좋아하지 않는 사람도 부담없이 먹을 수 있으며 사철 즐길 수 있는 음식이다.

재료		곁들임		조림장		소스	
아롱사태	1.2Kg	샐러리	½포기	진간장	⅓컵	배즙	⅓컵
부재료		레디시	5~6개	육수	⅓컵	설탕	1큰술
양파	70g	수삼	150g	설탕	⅓컵	식초	2큰술
대파	50g			매실즙	½큰술	레몬즙	1큰술
수삼	20g			포도주	½큰술	다진마늘	⅔큰술
통후추	10알			꿀	1큰술	양겨자	½작은술
청량고추	3개			참기름	½큰술	간장	1작은술
끓는 물	적당량					꽃소금	약간

1 아롱사태는 물에 담가 핏물을 빼고 고기의 모양이 흐트러지지 않게 무명실로 가볍게 묶는다.

2 끓는 물에 아롱사태와 부재료의 채소를 함께 넣어 40~50분 정도 삶아 준다.

3 곁들임의 채소는 손질하여 곱게 채썰고 찬물에 헹궈 물기를 뺀다.

4 조림장의 모든 재료를 섞어 보글보글 끓을 때 삶은 고기를 넣고 윤기나게 조린다.

5 고기의 실을 풀고 얇게 썰어 접시에 돌려 담고 채썬 여러 채소도 함께 담아낸다.

6 소스를 따로 곁들여낸다.

Tip.

사태는 너무 오래 삶으면 딱딱하고 질겨지므로 삶을 때 각별한 주의가 필요하다.

단호박 밀쌈

단백하면서 색이 화려하여 잔칫상에 화려함을 더해 준다.

재료

밀전병

으깬 단호박	1½큰술
찰밀가루	1컵
황란	1개
육수	½컵
물	½~⅜컵
흰후춧가루	약간
참기름	½작은술
꽃소금	½작은술

곁들임

쇠고기	150g
진간장	1½큰술
설탕	½큰술
후춧가루	약간
다진마늘	약간
참기름	약간
더덕	100g
꽃소금	약간

풋고추	100g
꽃소금	약간
칵테일새우	150g
참기름	약간
흰후춧가루	약간
식용유	약간

소스

연겨자	2큰술
설탕	⅜큰술
식초	⅜큰술
물	2큰술
레몬즙	½큰술
간장	1~2방울
소금	½작은술

1 밀전병재료를 모두 혼합하여 체에 내린다.

2 쇠고기는 채썰어 양념하여 볶는다.

3 더덕은 껍질을 벗겨 곱게 채썰고, 풋고추도 곱게 채썰어 각각 소금 간하여 살짝 볶는다.

4 새우는 끓는 물에 소금과 생강즙을 약간 넣어 데친 후 참기름과 흰후춧가루로 양념한다.

5 달구어진 팬에 1의 반죽을 한 수저씩 떠넣어 얇게 밀전병을 부친다.

6 접시에 예쁘게 담아 소스를 곁들여낸다.

※ 단호박은 껍질을 벗겨 속을 파내고 찐다. 찐 호박은 으깨어 체에 내린다.

Tip.

밀전병 반죽은 많이 쳐야 쫄깃거리고 채에 밭쳐 내려주어야 고운 밀전병을 부칠 수 있다.

새우저냐

재료

중하	10마리
생강즙	½큰술
소금	½작은술
흰후춧가루	½작은술
참기름	⅔큰술
달걀	2개
밀가루	2큰술
식용유	약간

1   새우는 머리를 떼어 꼬리부분 한 마디를 남기고 껍질을
    벗긴다.

2   손질한 새우를 소금물에 얼른 씻어 건진다.

3   새우의 등을 갈라 내장을 빼고 꼬리를 살리며 나비모양
    을 만들어 이쑤시개로 고정시킨다.

4   생강즙과 소금, 흰후춧가루, 참기름으로 양념한다.

5   밀가루, 달걀을 입혀 지진다.

6   새우에 고정시킨 이쑤시개를 빼고 담아낸다.

오징어저냐

재료

오징어나 한치(小)	3마리	**고기양념**		달걀	3개
식초	1방울	으깬 두부	2큰술	밀가루	3큰술
참기름	½큰술	다진마늘	1작은술	식용유	약간
흰후춧가루	약간	다진파	½큰술		
쇠고기	200g	깨소금	1큰술		
		진간장	1작은술		
		설탕	1작은술		
		참기름	1작은술		
		소금	약간		
		후추	약간		

1 오징어 껍질쪽에 굵은 소금을 묻혀 껍질을 벗긴 후 바깥 쪽에 사선으로 칼집을 넣어 끓는 물에 식초 1방울 넣고 데친다.

2 데쳐낸 오징어는 물기를 닦고 참기름, 흰후춧가루로 양념한다.

3 쇠고기는 고기 양념한다.

4 오징어 안쪽에 밀가루를 솔솔 뿌린 후 양념한 고기를 넣고 둥글게 모양을 만들어 0.7cm 두께로 썬다.

5 밀가루와 달걀을 입혀 지진다.

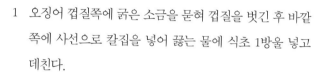

패주저냐

재료

패주	5마리
소금	약간
흰후춧가루	약간
참기름	약간
달걀	2개
홍고추	1개
파슬리	약간
식용유	약간

1 패주는 속껍질을 벗겨 소금물에 씻는다.

2 패주를 세워 살짝만 칼집을 넣어 3등분한 다음 반으로 포를 떠서 나비모양을 만든다.

3 손질한 패주를 소금, 흰후춧가루, 참기름으로 양념한다.

4 홍고추는 둥글고 얇게 썬다.

5 밀가루, 달걀을 입혀 팬에 지지면서 손질해둔 파슬리와 홍고추로 모양을 낸다.

Tip.

패주는 냉동제품을 사용하면 지질 때 물이 많이 생겨 달걀 입힌 것이 벗겨져 예쁘게 지져지지 않고, 질겨져 맛이 떨어진다.

표고저냐

재료

말린 표고	15개

양념물

물	1C
간장	1큰술
설탕	1½큰술
소금	1작은술

표고소

다진쇠고기	50g
두부	20g
다진마늘	½작은술
설탕	½작은술
깨소금	약간
참기름	약간
진간장	약간

참기름	1작은술
후춧가루	약간
밀가루	약간
달걀	2개
식용유	약간

1 말린 표고는 물에 담가 불린다.

2 불린 표고는 기둥을 떼고 모양을 내서 양념물에 1시간 이상 담근 다음 물기를 거둔다.

3 두부는 으깬 후 꼭짜서 물기를 제거하고 나머지 표고소 재료를 모두 혼합한다.

4 2의 표고에 참기름과 후춧가루로 양념하여 준비된 표고소를 넣고 밀가루, 달걀을 입혀 지진다.

Tip.

표고에 겉양념하는 것보다 양념물에 담갔다 저냐를 지지면 깊은 맛이 있으며 데워 먹어도 맛이 변하지 않는다.

생선저냐

재료

민어	1Kg
참기름	½큰술
생강즙	½큰술
소금	1작은술
흰후춧가루	약간
달걀	5개
밀가루	½컵
식용유	약간

1 민어나 대구는 살이 탱탱하고 싱싱한 것으로 준비한다.

2 비늘을 긁어 소금물에 얼른 씻어 3장 뜨기 한 후 먹기 좋은 크기로 포를 뜬다.

3 민어포에 참기름, 생강즙을 혼합하여 솔로 살짝 바른 후 소금, 흰후춧가루를 뿌려준다.

4 달걀은 흰자위만을 사용하므로 황백으로 분리하여 흰자를 잘 풀어 체에 거른다.

5 양념한 민어포를 밀가루에 골고루 묻혀 여분의 밀가루를 잘 털어낸 후 달걀을 입혀 지진다.

※ 모양을 내려면 쑥갓이나 쪽파의 파란 부분을 이용할 수 있다.

Tip.

생선은 소금물에 씻어 물기 없이 잘 닦아 주어야 포를 뜨기가 좋다. 생선살 속에 박힌 가시를 깨끗이 제거하는 게 좋다.

전복초

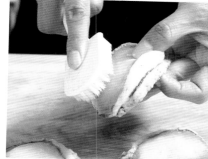

재료

전복	10개	은행	10알	조림장	
후춧가루	½작은술	황백지단	약간	진간장	½컵
참기름	½큰술	식용유	약간	육수	½컵
생강즙	½큰술	참기름	½큰술	설탕	½컵
자연송이	5개	꿀	⅔큰술	술	½큰술
참기름	약간			매실청	1작은술
소금	약간			마른고추	2개

1 살아 있는 싱싱한 전복으로 준비하여 전복살과 껍데기 사이로 얇은 수저를 밀어 넣어 내장이 터지지 않게 살을 떼어낸 뒤 가위로 내장을 제거한다.

2 전복살은 솔을 이용하여 깨끗이 씻은 다음 세로로 칼집을 넣고 참기름, 후춧가루, 생강즙에 재워둔다.

3 껍데기는 솔로 깨끗이 씻고 끓는 물에 삶아 물기를 없앤다.

4 자연송이는 4~5쪽으로 얄팍얄팍 썰어 참기름, 소금으로 간해서 석쇠나 팬에 굽는다.

5 식용유를 두른 팬에 생강, 양파, 대파를 넣어 향이 울어날 때 전복을 살짝 튀겨 낸 후 기름을 깨끗이 닦아낸다.

6 은행은 소금을 약간 넣고 파랗게 볶아 속껍질을 제거한 후 납작하게 반으로 가른다.

7 황백지단을 부쳐 마름모꼴로 썬다.

8 조림장이 보글보글 끓을 때 전복을 넣고 국물을 끼얹어 가며 윤기나게 조린다. 꿀, 참기름을 넣고 뒤적여 꺼낸다.

9 전복 껍데기 속에 구운 송이를 깔고 조린 전복을 3~4쪽으로 어슷썰어 담는다. 조림국물을 약간 끼얹은 후 은행과 황백지단으로 장식한다.

홍어찜

재료		참기름	1큰술
홍어	2Kg	들기름	½큰술
집간장	1큰술	녹말가루	1큰술
술	3큰술	후춧가루	약간
참기름	½큰술	**고명**	
양념		홍고추	2개
청주	3큰술	청고추	2개
진간장	3큰술	목이	약간
설탕	1큰술	달걀	1개

1 홍어는 손질하여 내장과 아가미를 빼고 습습한 소금물에 씻어 집간장, 술, 참기름으로 밑간하여 통풍이 잘 되는 그늘에서 꾸득꾸득 말린다.

2 말린 홍어를 사방 5~6cm 정도 크기로 썰어 가운데 십자로 칼집을 넣는다.

3 양념의 모든 재료를 잘 섞은 다음 칼집 낸 홍어를 2~3시간 정도 재워 두었다 찜통에서 찐다.

4 달걀은 황백지단을 부쳐 곱게 채썰고, 홍고추, 청고추, 목이도 곱게 채썬다.

5 고명을 하여 예쁘게 담아낸다.

※ 특히 호남지방에서 즐겨 먹는 음식이다.

도미조림

재료		조림장		고명	
도미	1마리	육수	1컵	청고추	1개
호렴	1큰술	간장	1컵	홍고추	1개
들기름	½작은술	설탕	½컵	목이채	약간
참기름	1작은술	물엿	2큰술	달걀	1개
생강즙	약간	건고추	2개		
후춧가루	약간	생강	1쪽		
밀가루	약간	참기름	약간		
식용유	약간				

1 도미는 비늘을 잘 긁어 아가미와 내장을 빼고 호렴으로 간간하게 3시간 정도 절인다.

2 절여진 도미를 소금물에 깨끗이 씻어 통풍이 잘 되는 곳에서 꾸둑꾸둑 말린다.

3 도미에 3~4군데 어슷어슷 칼집을 넣고 들기름, 참기름, 생강즙, 후춧가루로 밑간을 한다.

4 도미에 밀가루를 살짝 뿌려 기름에 5분 정도 튀긴다.

5 조림장의 재료를 모두 넣고 끓이다 튀긴 도미를 넣고 조림장을 끼얹어 가며 윤기나게 조린다.

6 청·홍고추와 목이는 채썰어 볶는다.

7 달걀은 황백지단을 부쳐 채썬다.

8 완성된 도미에 오색으로 고명한다.

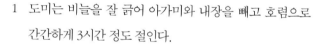

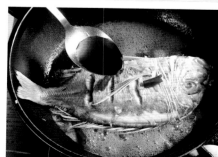

장산적 호두조림

재료

쇠고기(우둔살) 300g	설탕	½큰술	조림간장	
호두 50g	진간장	1큰술	진간장	5큰술
잣가루 약간	소금	약간	물	5큰술
쇠고기양념	깨소금	2큰술	설탕	3큰술
다진양파 3큰술	후춧가루	약간	생강즙	1작은술
다진마늘 1큰술	참기름	약간	꿀	1큰술

1 기름기 없는 연한 쇠고기를 곱게 다진다.

2 다진양파는 소금하여 물기를 꼭 짠 후 다진마늘과 함께
   참기름을 약간 두르고 잘 볶아 식힌다.

3 다진고기에 식혀둔 양파와 나머지 쇠고기 양념을 모두
   혼합하여 잘 치댄다.

4 호두는 따뜻한 물에 담갔다 속껍질을 벗긴다.

5 은박지에 참기름을 발라 양념한 고기를 판판하게 펴놓고
   0.7~0.8cm 두께로 네모지게 만든다. 오그라들지 않게
   가로세로 곱게 칼집을 낸다.

6 네모반듯하고 자그마한 스테인리스 쟁반을 엎어놓고 참
   기름을 바른 뒤 고기에 덮고 석쇠 위에 올려 굽는다.

7 불 위에서 골고루 구워지면 칼끝을 쟁반과 고기 사이로
   넣고 조심히 떼어낸 뒤 석쇠를 뒤집어 뒷면을 굽는다.

8 구운 고기를 도마 위에서 식힌 후 2.5×3cm 크기로 썬다.

9 두꺼운 냄비에 꿀을 제외한 조림간장 재료를 넣고 끓기
   시작하면 고기와 호두를 넣는다. 불을 줄여 국물을 끼얹
   어가며 윤기나게 조린다. 거의 조려졌을 때 꿀을 넣고 마
   무리한 다음 그릇에 담아 잣가루를 뿌려낸다.

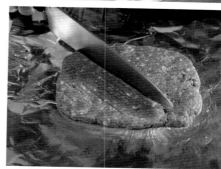

상어산적

경상도와 제주도 지방에서 특히 좋아하는 음식이다.

재료

상어	1.2Kg	참기름	3큰술	**고명**	
식용유	약간	흰후춧가루	1작은술	홍고추채	2개분
양념		**밀가루즙**		흑임자	1큰술
생강즙	2큰술	밀가루	1컵		
설탕	4큰술	흰후춧가루	½작은술		
간장	4큰술	육수	3컵		
소금	1작은술	간장	1큰술		
다진파	3큰술	참기름	1큰술		
다진마늘	1½큰술				

1 상어는 7×1.5×15cm로 썬다.

2 상어를 양념에 재운다.

3 양념한 상어를 꼬지에 꿰어 도마에서 자근자근 두들긴다.

4 밀가루즙 재료를 혼합하여 즙을 만든 후 꼬지에 꿴 상어를 담갔다가 기름을 두른 팬에서 지진다.

5 홍고추는 곱게 채썰어 흑임자와 함께 모양 있게 장식한다.

꼬지산적

재료

재료		
쇠고기(채끝등심)	1.2Kg	
새송이	2팩	
식용유	약간	

고기 밑양념

간장	1큰술
설탕	1큰술
참기름	1큰술
배즙	3큰술
맛술	2큰술

세송이 밑양념

참기름	약간
설탕	약간

양념

간장	7큰술
설탕	2½큰술
파인애플	2쪽
배즙	⅓컵
양파(소)	1개
다진마늘	2큰술
다진파	4큰술
참기름	3큰술
후춧가루	약간

1 쇠고기는 채끝등심을 선택하여 불고기보다 약간 도톰하게 썬다.

2 쟁반에 고기를 나란히 펴고 고기 밑양념을 붓으로 발라 밑간을 한다.

3 파인애플과 양파를 곱게 간 후 나머지 양념을 혼합한다.

4 새송이는 포를 떠서 밑양념한다. (느타리버섯을 사용할 경우 소금물에 데쳐서 밑양념한다.)

5 꼬지에 고기, 버섯 순으로 꽂아 양념에 재워 구워낸다.

백합구이

대합은 짝이 잘 맞는 음식이라 하여 이바지 음식에 많이 쓴다.

재료

백합	20개
생강즙	3큰술
참기름	½큰술
후춧가루	약간

백합소

차돌박이	150g
설탕	1작은술
마늘	1작은술
간장	½작은술
소금, 후춧가루	약간

목이	15g
자연송이	3개
청양고추	2개
홍고추	2개
설탕	1작은술
간장 1	작은술
소금, 후춧가루	약간
참기름	약간
밀가루	1작은술
찹쌀가루	1작은술

고명

칵테일새우	20마리
흰후춧가루	약간
참기름	약간
생강즙	약간
홍고추	3개
밤	5개
은행	20개

겨자소스

연겨자	1큰술
레몬즙	½큰술
식초	1큰술
설탕	1큰술
간장, 소금	약간

1. 백합은 싱싱한 것으로 골라 껍질을 까서 속을 꺼낸다.
2. 까만 내장을 제거하고 소금물에 씻어 물기를 뺀 다음 3~4등분하여 생강즙, 참기름, 후춧가루에 재운다.
3. 차돌박이는 먹기 좋게 잘게 썰어 양념하여 볶는다.
4. 목이는 깨끗이 손질하여 볶는다.
5. 자연송이는 먹기 좋게 썰어 놓는다.
6. 청·홍고추는 잘게 다진다.
7. 조갯살과 백합소 재료를 한 그릇에 넣고 잘 혼합한다.
8. 새우는 손질하여 흰후춧가루, 참기름, 생강즙으로 양념하고, 홍고추는 반을 갈라 씨를 제거하여 마름모꼴로 썬다.
9. 밤은 껍질을 까서 설탕물에 조려 4등분하고, 은행은 볶아 준다.
10. 조개껍질에 참기름을 살짝 발라 백합소를 담고 고명을 얹어 굽는다.
11. 겨자 소스를 곁들여낸다.

Tip.

백합은 구울 때 타기 쉬우므로 조심해야 한다.

북어구이

신행 밑반찬으로 좋은 음식이다.

재료

북어	5마리	멸치육수	3큰술	**기타재료**		
멸치육수	5컵	곱게 다진파	2큰술	밀가루	약간	
양념		곱게 다진마늘	2큰술	식용유	5큰술	
청장	1큰술	양파즙	2큰술	통깨	약간	
진간장	2큰술	생강즙	1큰술			
고춧가루	1½큰술	깨소금	2큰술			
고추장 1	½큰술	참기름	2큰술			
설탕	3큰술					
물엿	3큰술					

1 북어는 머리와 지느러미, 꼬리를 잘라 깨끗이 손질한 후 멸치육수에 1~2시간 담가둔다.

2 건져 물기를 살며시 짠 후 오그라들지 않게 껍질 있는 쪽을 가로로 3~4번 칼집을 넣는다.

3 양념을 모두 잘 혼합하여 북어에 펴 바르고 밀가루를 약간씩 뿌린다.

4 달구어진 팬에 식용유를 넉넉히 두르고 양념한 북어를 집어넣고 주걱으로 꼭꼭 눌러 뒤집어가며 타지 않게 굽는다.

5 도자기 접시에 통북어로 담거나 먹기 좋은 크기로 썰어 담아 통깨를 뿌려낸다.

Tip.

양념이 타기 쉬우므로 주걱으로 눌러 돌려가며 구워야 한다.

떡갈비

재료

재료				갈비뼈양념	
갈비	3Kg	다진대추	5큰술	맛술	1큰술
찹쌀가루	1큰술	다진잣	3큰술	참기름	1큰술
양념		파인애플	2쪽	후춧가루	약간
양파	300g	설탕	4큰술	식용유	약간
소금	약간	간장	5큰술	**고명**	
참기름	약간	소금	1작은술	은행	
다진마늘	4큰술	깨소금	4큰술	대추 꽃	
		참기름	4큰술		

1 갈비는 살짝 얼린 상태에서 기름과 힘줄을 다듬고 갈비
　살만 깨끗이 떠서 다진다.

2 양파는 곱게 다져 소금을 넣은 후 물기를 꼭 짜서 참기름
　만 살짝 둘러 다진마늘과 함께 볶는다. 파인애플은 다져
　꼭 짜놓는다.

3 갈비뼈는 끓는 물에 맛술을 좀 넣고 데쳐 물기를 뺀 후 참
　기름, 후춧가루로 양념한다.

4 다진고기는 타월로 핏물을 닦은 후 모든 양념을 혼합하
　여 잘 치댄다.

5 3의 밑간한 갈비뼈에 찹쌀가루를 묻힌 다음 양념한 고기
　를 감싸듯이 부쳐 타원형의 떡갈비를 만든다.

6 팬에 식용유를 두르고 떡갈비를 넣고 서서히 굽는데 너
　무 불이 세면 갈라지기 쉬우므로 중불에서 뚜껑을 덮고
　굽는다.

7 은행과 대추 꽃으로 장식하여 일일이 알루미늄 호일이
　나 랩으로 예쁘게 싸서 보내면 좋다.

※ 거의 구워질 때 참기름, 간장, 꿀을 혼합하여 살짝 발라주
면 윤기가 나며 맛있다.

김 장아찌

재료		멸치다시마육수	2컵
김	30장	표고	2개
통깨	약간	마른고추	2개
양념간장			
간장	1컵		
설탕 1	컵		
흰물엿	1컵		
소주	3큰술		
식초	3큰술		

1 김은 4등분하여 마주 접고 무명실로 감아준다.

2 양념간장 재료를 혼합한 후 중간불에서 끓이다가 끓기 시작하면 약한 불에서 1시간 반 정도 졸여 체에 받친다.

3 그릇에 김의 접은 면이 위로 향하도록 차곡차곡 담고, 식힌 양념간장을 국자로 떠 놓는다.

4 15일 후 김의 위, 아래 위치를 바꾸어준다.

5 한 달 후 꺼내어 먹기 좋은 크기로 썰고 통깨를 뿌려낸다.

※ 양념간장을 끓일 때 넘치지 않게 주의한다. 양념간장 농도가 묽으면 김이 풀어지기 쉬우니 농도를 맞추어야 한다.

빈대떡

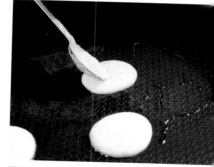

재료

거피 녹두	500g	청고추	4개	**양념장**	
쇠고기(우둔살)	120g	홍고추	4개	진간장	2큰술
돼지고기	120g	**고기양념**		다진청홍고추	
숙주	70g	다진마늘	1½큰술	각각	½큰술
쪽파	30g	후춧가루	⅛작은술	다진파	½큰술
배추김치	150g	진간장	1큰술	고춧가루	½큰술
참기름	½큰술	소금	½큰술	깨소금	½큰술
설탕	½작은술	참기름	1큰술	식초	1큰술

1 녹두는 찬물에 10시간 정도 불렸다 박박 문질러 껍질이 벗겨지도록 여러 번 헹군 다음 돌을 일어 건진다.

2 믹서기에 물을 조금씩 부어가며 너무 곱지 않게 간다.

3 돼지고기와 쇠고기는 너무 곱지 않게 다져 고기양념한다.

4 숙주는 끓는 물에 소금을 넣고 살짝 데쳐 찬물에 담갔다 꼭짜서 소금, 참기름을 약간 넣어 양념한다.

5 쪽파는 1cm 정도로 썬다.

6 배추김치는 속을 털어 송송 썰어 물기를 꼭짜서 참기름, 설탕을 넣고 무친다.

7 모든 재료를 혼합하여 살살 버무려 소를 만든다.

8 청·홍고추는 둥근모양으로 썬다.

9 갈아 놓은 녹두는 부치기 전에 소금 간을 약간하여 따끈한 팬에 기름을 두르고 한 국자 떠 놓고, 소를 넣고, 그 위에 다시 간 녹두를 올려 소를 덮는다.

10 청·홍고추로 고명을 올린 후 뒤집어 노릇노릇 지진다.

11 양념장을 곁들여낸다.

국수

재료
삶은 녹말국수 2Kg
쇠고기(양지머리)
                1.8Kg
물   6ℓ
무   200g
양파(小)   1개
대파   1대
생강   1쪽

마늘   10쪽
통후추   ½큰술
고명
  쇠고기   300g
  간장   3큰술
  설탕   1큰술
  다진마늘 1큰술
  참기름   ½큰술
  후춧가루 약간

청오이   5개
달걀   10개
양념장
  다진청량고추 5개
  집간장   1컵

1 삶은 녹말국수를 준비한다.

2 쇠고기는 양지머리로 준비하여 찬물에 담가 핏물을 제거한다.

3 끓는 물에 고기를 넣고 끓으면 부재료를 넣고 맑게 끓여 고기는 건져내고 국물은 면보에 거른 후 집간장, 소금으로 간을 맞춘다.

4 삶은 고기는 편육으로 사용한다.

5 쇠고기는 곱게 채썰어 양념하여 볶는다.

6 오이를 돌려 깎기해서 채썰어 소금에 절여 꼭짜서 파랗게 볶는다.

7 달걀은 황백지단으로 부처 곱게 채썬다.

8 국수를 1인분씩 사리 틀어 목판에 담는다.

9 고명은 목판에 가지런히 담는다.

10 양념장을 곁들여낸다.

신선로

재료		저냐		고명	
쇠고기	100g	천엽	200g	석이버섯	5개
사태	200g	쇠골 또는 쇠등골		표고버섯	4개
양지머리	300g		1보	당근	100g
무	200g	밑간양념(쇠골)		미나리	5줄기
다시마	약간	소금	약간	은행	20개
물	10컵	후춧가루	약간	호두	6개
쇠고기양념		참기름	약간	통잣	1큰술
진간장	1큰술	전복	130g	마른고추	2개
다진파	½큰술	해삼	130g	국물양념	
다진마늘	½큰술	흰살생선	100g	집간장	1큰술
후춧가루	¼작은술	밀가루	약간	다진파	1큰술
깨소금	½큰술	달걀	6개	다진마늘	1큰술
참기름	½큰술	식용유	약간		
		참기름	약간		

1 양지머리와 사태는 덩어리째 찬물에 담가 씻고 핏물을 뺀다.

2 냄비에 물을 붓고 끓으면 양지, 사태, 무를 넣고 다시 푹 끓인 뒤 건더기는 건져서 1×4cm로 썰고 국물은 면보에 받쳐 소금, 집간장으로 간을 맞춘다.

3 천엽은 기름기를 잘라내고 밀가루와 소금을 뿌린 뒤 바락바락 주물러 씻어 물기를 거둔 후 2×4cm로 자른 뒤 잔 칼집을 넣는다. 밀가루와 달걀 물을 묻혀 식용유를 살짝 두른 프라이팬에 약한 불에서 노릇하게 지진다.

4 흰살생선은 얇게 포를 떠 흰후춧가루를 뿌린 뒤 밀가루와 달걀 물을 무쳐 참기름과 식용유를 섞어 팬에 두르고 약한 불에서 노릇하게 지진다.

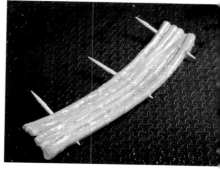

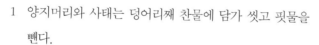

5 쇠골은 살짝 데쳐서 얇게 저민 후 밑간을 하고 밀가루 달걀을 무쳐 참기름, 식용유를 섞어 프라이팬에 두르고 약한 불에서 노릇하게 지진다.

6 전복은 살짝 데쳐서 잔칼질을 하여 얇게 저며 놓는다.

7 쇠고기 반은 곱게 다지고 반은 채 썬 다음 쇠고기양념을 하고, 나머지 반은 육회를 한다. 나머지는 지름 1cm의 완자를 만들어 밀가루, 달걀 물에 씌워 팬에 지진다.

8 미나리는 줄기만 깨끗이 손질하여 15cm 정도 길이로 썰어 꼬치에 꿰고 밀가루, 달걀 물에 씌워 팬에 지진 후 2×5cm 크기로 썬다.

9 석이는 더운물에 불려 이끼와 돌을 떼고 곱게 다져 흰자에 섞어 지단을 부친 후 2×5cm 크기로 썬다. 당근도 2×5cm크기로 썰어 데친다.

10 표고는 미지근한 물에 불려 기둥을 떼고 물기를 뺀 후 2cm 너비로 썬다.

11 은행은 팬에 소금 간하여 볶은 뒤 껍질을 벗기고 호두는 뜨거운 물에 불려 속껍질을 벗겨 찬물에 담근다. 통잣은 고깔을 떼고 마른고추는 5cm 길이로 썰어 씨를 털어낸다.

12 달걀은 황백 지단을 부쳐 2×5cm 크기로 썬다.

13 모든 재료가 준비되었으면 신선로 맨 밑에 삶은 고기와 무를 깔고 육회를 얹는다. 그 다음 내장전과 생선저냐를 얹는다.

14 석이지단, 황백지단, 표고, 미나리 초대, 당근, 마른 고추, 완자, 은행, 호두, 통잣을 곱게 색 맞추어 돌려가며 담은 다음 간을 맞춘 국물을 부어 끓인다.

혼례 음식 만들기

떡편

약식 1

찹쌀을 불려 쪄서 참기름, 꿀, 설탕, 진간장, 밤, 대추, 잣 등을 넣고 버무려 다시 충분히 찌는 떡이자 별미 음식이다. 전통적인 방법으로 대추를 푹 고아서 즙을 만들어 사용하면 맛도 좋을 뿐 아니라 부드러운 질감과 함께 노화도 더디다. 잔치에는 빠지지 않는 음식이다.

재료

찹쌀	10컵	꿀	½컵	황설탕	½컵
소금물	적당량	참기름	½컵	물	1컵
대추고	⅝컵	간장	½컵	대추	30개
설탕	2컵	밤	30개	잣	4큰술
		설탕	½컵	계핏가루	1큰술

1 찹쌀은 좋은 것으로 선택하여 깨끗이 씻어 하룻밤 담가 두었다가 건져서 물기를 거둔 후 김이 오른 찜통에 올려 중간에 소금물을 뿌려 가며 충분히 찐다.

2 잘 쪄진 1의 고두밥을 양푼에 쏟아 뜨거울 때 대추고, 설탕, 꿀, 참기름, 간장을 넣고 고두밥 낱알 하나하나에 고루 간이 배이게끔 잘 섞으면서 혼합한다.

3 밤은 껍질을 벗겨 2~3등분하여 설탕과 황설탕 그리고 물을 약간 부어 살짝 조린다.

4 대추는 꼭지를 딴 뒤 씻어 물기를 뺀 후, 씨를 발라내고 3쪽으로 자른다.

5 잣은 젖은 면포로 씻어 고깔을 떼어 놓는다.

7 충분히 쪄 양념이 고루 스며든 2의 고두밥에 3의 조린 밤, 대추, 잣, 계핏가루를 넣고 잘 혼합하여 버무린다.

8 김이 오른 찜통에 7을 올려 약 1시간 정도 찌는데 중간에 한두 번 뒤적여준다.

9 잘 쪄진 약식은 한 김 나간 후 모양 틀에 담아 성형하거나 그릇에 담는다.

Tip. 대추고 만드는 법

평소 대추를 사용하면서 모아 두었던 대추씨와 부서러기 대추살에 충분한 물을 붓고 푹 끓이는데 처음에는 센 불에서 끓이다가 차츰 뭉근한 불에서 오랫동안 푹 고아서 체에 내려 대추즙을 얻는다. 이 대추즙을 다시 약한 불에서 되직하게 될 때까지 조린다. 이것이 '대추고'이다.

약식 2

재료

찹쌀	10컵	대추	30개
소금물	약간	잣	4큰술
밤	30개	황설탕	2컵
설탕	1컵	캐러멜소스	2큰술
물	1컵	대추고	4큰술
소금	약간	간장	6큰술
		참기름	$\frac{1}{3}$컵
		계핏가루	1작은술

1 찹쌀은 씻어서 물에 6시간 이상 충분히 불려서 건져 물기를 거두어 찜통에 행주를 깔고 1시간 정도 찐다. 중간에 주걱으로 뒤집어주며 소금물을 조금 부으면 쌀알이 잘 익는다.

2 밤은 깨끗이 깎아 2~3등분으로 나누어 설탕, 소금, 물을 넣고 시럽을 만들어 살짝 조려놓는다. 대추는 씨를 발라서 각각 2~3등분으로 나누고 잣은 고깔을 벗겨 놓는다.

3 1의 찐 찹쌀을 뜨거울 때 큰 그릇에 쏟아 먼저 설탕을 넣어 고루 섞은 다음에 캐러멜 소스, 대추고, 간장, 참기름을 섞고 계핏가루를 뿌려 고루 섞는다.

4 3에 졸인 밤, 대추를 잘 섞어 1시간 정도 간이 배이도록 두었다가 다시 약 1시간 정도 더 찌는데 이때 주걱으로 한두 번 저어주면서 찐다. 다 쪄지면 불을 끄고 뜸을 들인 다음 잣을 고루 섞는다.

Tip. 캐러멜 소스 만들기

재료(설탕 $\frac{1}{2}$컵, 물 6큰술, 더운물 3큰술, 물엿 2큰술)

설탕과 물을 냄비에 담아 불에 올려 그대로 둔다. 끓어올라서 큰 거품이 나고 가장자리부터 타기 시작하면 불을 약하게 하고 나무 주걱으로 고루 저어 전체가 진한 갈색이 되면 바로 더운물을 넣어 섞어서 굳지 않도록 하며 간장을 넣어 색과 간을 맞추고 물엿을 넣어 농도가 되지 않도록 섞은 후 불을 끈다.

콩**찰떡**

재료

찹쌀가루	10컵
소금	1큰술
서리태(콩)	3컵
소금	2작은술
호박고지	2컵
대추	10개
흑설탕	1컵

1 찹쌀가루에 소금을 넣고 잘 섞어 체
  에 내린다.

2 콩은 불려서 삶은 후 소금, 설탕을 넣고 버무린다.

3 호박고지는 물에 잠깐 불려 2~3cm 길이로 자른다.

4 대추는 씨를 빼고 3등분한다.

5 찜기에 면보를 깔고 2의 콩과 호박고지, 대추를 넣고 흑설탕을 반 정도만 골고루 뿌린
  다음 그 위에 1의 찹쌀가루를 안치고 다시 그 위에 콩, 호박고지, 대추를 놓고 다시 흑설
  탕을 골고루 뿌려 준 뒤 약 50분 정도 찐다.

대추고편

재료		고물	
멥쌀가루	7컵	거피 팥	4컵
소금	2작은술	간장	1½큰술
대추고	⅜컵	꿀	½컵
설탕	3큰술		
곶감	3개		
호두	7개		
잣	4큰술		

1   멥쌀가루는 소금을 넣어 체에 내린 다
    음 대추고와 설탕을 넣고 잘 비벼 한 번 더 체에
    내린다.

2   곶감은 굵게 채 썬다.

3   호두는 잘게 썬다.

4   잣은 고깔을 떼고 마른 행주로 닦는다.

5   팥은 따뜻한 물에 불린 후 일어 건져서 푹 찐다. 그 다음 절구에 넣고 찧어 어레미에 내
    려서 간장과 꿀을 섞어 보슬보슬하게 볶는데 이때 두꺼운 냄비에 기름을 살짝 두른 다음
    찐 팥을 넣어 약한 불에서 타지 않도록 볶는다.

6   볶은 팥고물을 어레미에 한 번 더 내려 고물을 만든다.

8   찜기나 케이크 틀에 면보를 깔고 6의 팥고물을 고루 편 다음 1의 떡가루를 반으로 나누어
    1~1.5cm 두께로 깔고 그 위에 썰어 둔 곶감과 호두, 잣을 고루 섞어 얹는다. 다시 나머지
    떡가루를 같은 두께로 고루 펴 얹고 그 위에 팥고물을 사뿐히 얹은 후 30분 정도 찐다.

백편

재료

멥쌀가루	7컵
소금	2작은술
꿀	2큰술
설탕물	½컵
(설탕1 : 물5)	

고명

잣	1큰술
석이	약간

1 멥쌀가루는 소금을 넣고 고운체에 내린다.

2 1에 꿀과 시럽을 넣고 고루 비벼서 고운체에 다시 내린다.

3 잣은 비늘 잣으로 만들고, 석이는 손질하여 곱게 채 썬다.

4 찜기나 케이크 틀에 면보를 깔고 1의 떡가루를 고르게 편 후 비늘 잣으로 꽃모양을 만들고, 가장자리는 석이 채로 모양을 내어 30분 정도 찐다.

석탄병

이 떡은 너무 맛있어 삼키기가 아쉽다고 하여 석탄병(惜呑餅)
이란 이름이 붙여졌다고 한다.

재료

멥쌀가루	10컵	생강녹말	1큰술
소금	1큰술	계핏가루	1큰술
꿀	1컵	**고물**	
설탕물	½컵	거피녹두	3컵
밤	15개	소금	½큰술
대추	10개		
감가루	4컵		
잣가루	⅜컵		

1 멥쌀가루에 소금을 넣고 고루 섞은 다음 꿀과 설탕물을 쌀가루에 부어가면서 손으로 비
벼 체에 친다.

2 밤은 껍질을 벗겨 4등분하고, 대추는 깨끗이 닦아 씨를 발라 4등분한다.

3 1의 떡가루에 감가루, 잣가루, 생강녹말, 계핏가루를 넣고 주걱으로 버무려 섞은 다음 2
의 밤, 대추를 넣어 다시 주걱으로 고루 섞는다.

4 거피녹두는 물에 불려 건져 잡물을 없애고 충분히 찐 다음 소금으로 간하여 으깬다. 이
것을 어레미에 내려 녹두고물을 만든다.

5 찜기에 면보를 깔고 그 위에 녹두고물을 고루 펴서 넉넉히 얹고 그 위에 3의 떡가루를
붓고 고루 편다. 다시 그 위에 녹두고물을 충분히 펴고 30분 정도 찐다.

승검초편

재료

멥쌀가루	7컵
소금	2작은술
꿀	3큰술
설탕물	$\frac{3}{8}$컵
승검초가루	3큰술
고명	
잣	1큰술
밤	2개
대추살	2개
석이	1장

1 멥쌀가루는 소금을 넣고 체에 내린다.

2 1에 꿀과 설탕물, 승검초가루를 넣고 고루 비벼서 다시 고운체에 내린다.

3 잣은 비늘 잣을 만들고 밤, 대추살, 손질한 석이는 채로 썬다.

4 찜기나 케이크 틀에 면보를 깔고 2의 떡가루를 고르게 편 후 비늘 잣으로 꽃모양을 내고 가장자리에 대추채, 밤채, 석이채로 장식을 하여 30분 정도 찐다.

호박편

재료

멥쌀가루	7컵
소금	2작은술
늙은 호박(또는 단호박)	
	3컵
설탕	3큰술

1 멥쌀가루는 소금 간하여 고운체에 내린다.

2 단호박은 4등분하여 씨를 빼고 김 오른 찜솥에 15분간 찐다.

3 쪄진 호박이 식은 후 껍질을 벗기고 체에 내린다.

4 1의 떡가루에 3을 넣고 고루 비벼 섞어 체에 내린다.

5 찜기에 면보를 깔고 고루 펴서 30분간 찐다.

판중편

멥쌀가루에 설탕, 막걸리를 넣어 반죽하여 발효시켜서 잣, 석이채, 대추채 등으로 고명을 얹어 찌는 떡이다.

재료		고명	
멥쌀가루	10컵	대추	2개
생막걸리	2컵	흑임자	1~2작은술
설탕	5큰술	잣	2~3큰술
따뜻한 물 콩물	1½컵	석이	약간
		깐 밤	2알

1 멥쌀은 깨끗이 씻어 10시간 정도 불린 다음 체에 건져 물기를 뺀 후, 소금을 한 큰술 넣고 빻아 가루를 만든 다음 고운체에 내린다.

2 1의 멥쌀가루에 설탕과 막걸리, 물을 넣고 혼합한 다음, 스테인리스 볼에 담아 랩으로 씌워서 35~40℃의 온도에서 발효를 시킨다.

4 2를 3~4시간 정도 발효시키면 2배 정도 반죽이 부풀어 오르는데 이때 주걱으로 충분히 저어 공기를 빼고(1차 발효) 다시 2시간 정도 더 발효 시킨다(2차 발효).

5 대추는 씨를 발라 얇게 돌려 깎기 하여 채로 썰고, 잣은 고깔을 떼고 반으로 갈라 비늘잣을 만든다. 밤은 편으로 얇게 썰고 석이도 물에 불려서 얇게 채 썬다.

6 젖은 면보를 찜기에 깔고 높이가 2cm 정도 되도록 편편하게 반죽을 붓는다.

7 반죽 위에 대추채, 밤, 비늘 잣, 흑임자, 석이채로 수를 놓는다.

6 김이 오른 찜통에 30분 정도 찐 후 뜸을 들인다.

꽃절편

친 떡을 도마 위에 놓고 소금물을 바르면서 양손으로 길게 밀어 꼬리떡을 만든 후 그 중앙에 작게 빚은 색떡을 붙여 동그란 떡살로 눌러서 문양을 낸다. 이때 친 흰떡을 조금 떼어 치자의 노란색과 오미자의 붉은색으로 각각 색을 들인 다음 작게 빚어 미리 색떡을 만든다.

재료

		자연색조	
멥쌀	10컵	치자즙	약간
소금	1½큰술	(치자 2개+물 3큰술)	
물	약 2컵	오미자즙	약간
데친 쑥	150g	(오미자1 : 물1)	
		소금물	약간
		참기름	½컵

1 멥쌀을 10시간 이상 불린 후 건져 물기를 어느 정도 거둔 다음 소금을 넣고 곱게 빻아 체에 내린다.

2 1의 떡가루에 물을 홀홀 뿌려 찜기에 올려 충분히 찐다.

3 쪄낸 떡을 둘로 나누어 반은 그대로 안반에서 차지게 될 때까지 치고, 나머지는 데친 쑥을 섞어서 쑥색이 고루 들 때까지 찧는다.

4 오미자 1컵을 티를 골라내고 흐르는 물에 살짝 씻은 다음 물 1컵에 담가 10분 정도 우려 낸 후 여과지에 걸러 즙을 만든다.

5 치자는 살짝 씻어서 2~3쪽으로 쪼개어 물에 담가 색이 우러나면 걸러서 치자즙을 만든다.

6 흰떡을 조금씩 떼어서 치자즙과 오미자즙을 넣어 색을 들여서 녹두알 크기만 하게 동그랗게 색떡을 만들어 둔다.

7 3의 친 떡을 큰 도마에 놓고 소금물을 바르면서 양손으

길게 막대 모양으로 민 다음 손을 세워 잘라 꼬리떡을 만든다.

8 꼬리떡 중앙에 녹두알만큼씩 떼어 놓은 색떡을 붙인 후 동그란 떡살로 눌러서 떡살 문양으로 모양을 낸다.

※ 혼인 떡의 절편일 경우, 흰색과 푸른색, 노란색 또는 분홍색으로 양색兩色이나 삼색절편을 하며 이때 푸른색의 쑥은 어감상 꺼리는 집안도 있어 쑥 대신에 모싯잎 또는 싱검초가루를 사용하기도 한다.

송기절편(송구지떡)

멥쌀가루에 송기를 넣어 만든 절편인데 평안도에서는 단옷날에 많이 만든다. 송기는 소나무의 물이 가장 많이 올랐을 때인 4, 5월에 소나무의 속껍질을 벗겨 푹 삶아 물에 우린 다음, 물기를 꼭 짜서 찧은 것이다. 혼례 때는 쑥절편 대신에 흰색절편과 함께 양색으로 많이 이용된다.

재료
멥쌀가루	30컵
소금	3큰술
삶은 송기	300g
끓는 물	적당량
소금물	약간
참기름	약간

1 멥쌀가루에 소금을 넣고 체에 내린 다음 송기를 넣고 고루 비빈다. 여기에 끓는 물을 넣어 가로 되직하게 익반죽을 하여 큰 덩어리로 만들어서 찜통에 올려 푹 찐다.

2 잘 쪄진 떡을 절구에서 차지게 찧은 다음 소금물을 바른 떡판에 옮겨 놓고 손으로 비벼 누르면서 길게 막대 모형을 만들어 놓고 참기름을 바른 떡살을 눌러 문양을 찍어낸다.

Tip.

1 쌀을 빻을 때 삶은 송기를 같이 넣어 가루 내어도 좋다.

2 떡살로 눌러 찍어 절편을 만드는 대신, 소를 넣고 반달 모양으로 찍어내면 송기개피떡이 된다.

※송기 손질하는 법

1 소나무에 물이 올라 푸르스름한 빛이 날 때쯤에, 소나무 껍질을 벗겨 겉껍질을 버리고 잘 드는 칼로 속껍질만 켠다.

2 1의 속껍질을 텁텁한 맛이 빠지도록 물을 갈아 가며 오랫동안 담가 둔다.

3 2의 것을 충분히 삶아 붉은 빛이 나면서 부드러워지면 꺼내어 방망이로 자근자근 두드려 푼 다음 물기를 꼭 짜서 냉동보관하거나 말려서 가루로 만들어 보관한다.

인절미

재료

		고물	
찹쌀	30컵	노란콩고물	2컵
소금	5큰술	파란콩고물	2컵
소금물	적당량	거피팥고물	2컵

1 찹쌀은 깨끗이 씻어 하룻밤 정도 불려서 소쿠리에 건져 물기를 뺀다.

2 시루나 찜통에 베보자기를 깔고 1시간 정도 심까지 무르게 찐다. 찹쌀은 잘 익지 않기 때문에 도중에 주걱으로 소금물을 고루 뿌려 위아래를 섞어주어야 고루 쪄진다.

3 잘 쪄진 찹쌀을 소금물을 묻힌 안반에 쏟아서 떡메를 소금물에 적셔 가며 쌀알이 뭉개지도록 찧는다.

4 도마에 소금물을 바르고 잘 쳐진 인절미를 놓고 편평하게 모양을 만드는데, 이때 마른 도마에 떡을 놓으면 다붙어서 좋지 않으므로 반드시 물기를 유지한다. 또한 떡이 따뜻할 때 해야 모양을 만들기가 좋다. 떡을 자를 때 편편하게 모양을 만들어 칼로 일정한 모양으로 잘라 고물을 묻힌다.

Tip.

은절미는 인절미의 제주도 방언으로 멥쌀가루를 익반죽한 다음 정방형으로 잘라 솔잎을 얹어 찌는 떡이다. 멥쌀가루 대신 메밀가루를 사용하기도 하는데, 이때는 찌지 않고 끓는 물에 삶아 만든다. 찹쌀밥을 지어 만드는 일반 인절미와는 만드는 법이 구별된다.

요즈음 인절미는 찹쌀을 가루 내어 쪄서 치나 옛날의 전통적인 방법의 인절미는 통찹쌀을 쪄서 친 것으로 간간히 고두밥알이 씹히기도 하면서 더 쫄깃한 맛을 즐길 수 있다.

수리취인절미

찹쌀을 쪄 수리취 족이를 풀어 넣고 잘 어우러지도록 친 다음 네모나게 썰어 팥고물
이나 콩고물을 묻힌 떡이다.

재료

		고물	
찹쌀	10컵	콩고물	2컵
소금	1큰술	거피팥고물	2컵
수리취	200g		
소금물	적당량		

1 찹쌀은 깨끗이 씻어 하룻밤 정도 불린다.

2 수리취는 억세지 않은 것으로 골라 물에 삶은 후, 찬물에
   헹궈 물기를 꼭 짠다.

3 불린 찹쌀을 건져 물기를 뺀 다음 시루에 안쳐 찐다. 찹쌀
   이 거의 익을 무렵, 소금물을 끼얹어 다시 푹 찐다.

4 3의 고두밥에 2의 수리취 족이를 풀어 섞은 뒤 절구에 넣
   고 찧는다. 이때 절구공이를 간간한 소금물에 적셔 가며
   친다.

5 도마에 콩고물을 넉넉히 깔고 4의 친 떡을 2등분하여 그
   중 하나를 편편하게 늘인 후 그 위를 콩고물로 덮고 모양
   을 잡는다. 나머지 친 떡은 거피팥고물에 묻힌다.

Tip.

수리취 대신 쑥이나 대추고, 호박
즙을 넣으면 또 다른 색과 맛의 변
화를 즐길 수 있다.
고물이 쉬기 쉬운 여름철에는 깨고
물이나 콩고물이 좋으며, 팥고물은
봄, 가을, 겨울에 많이 사용한다.

통인절미

통쌀을 쪄서 안반이나 절구에 매우 쳐서 만든 인절미로 약간 덜 쳐진 밥알이 씹히는 맛이 일품인 전통적인 인절미이다.

재료

흰색 인절미		붉은색 인절미		푸른색 인절미		고물	
찹쌀	3되	찹쌀	3되	찹쌀	3되	콩고물	3컵
소금	4큰술	대추고	4컵	소금	4큰술	깨고물	3컵
소금물	적당량	소금	4큰술	소금물	적당량	거피팥고물	3컵
		소금물	적당량	삶은쑥 또는수리취600g			

1 찹쌀은 깨끗이 씻어 10시간 이상 충분히 불린다.

2 불린 쌀을 체에 건져 물기를 거둔다.

3 하나는 흰쌀 그대로, 하나는 삶은 쑥을 촘촘히 뜯어 쌀과 같이 섞고, 나머지 하나는 대추고를 넣고 버무려 각각 찜통에 안친 후 1시간에서 1시간 반 정도 쌀이 익을 때까지 찐다.

4 완전히 익은 고두밥을 꺼내어 절구에 옮겨 담고 소금물을 적시면서 매우 쳐 인절미를 만든다.

5 각각의 반듯한 쟁반에 콩고물, 깨고물, 거피팥고물 등 고물을 편편하게 펼친 다음 잘 쳐진 찹쌀인절미를 3등분하여 펴고 위를 각각의 고물로 덮은 다음 성형을 한다.

Tip.

예부터 있어온 각색 차조 인절미는 전통떡으로 차조를 불려 3등분하여 쑥가루, 수리취가루, 감가루에 각각 섞어 찐 다음 안반에 쳐서 고물을 묻힌 별미 떡이다. 쑥과 수리취는 봄철에 삶아 말려 가루로 만들어 두고 감은 가을철에 바싹 말려 가루로 만들어 이용한다.

흑임자나 팥, 콩, 보릿가루 등 다양한 색깔의 고물을 써서 여러 가지 색을 낸다.

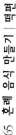

쑥구리단자

찹쌀가루를 쪄서 데친 쑥을 넣어 꽈리가 일 때까지 치댄 다음 거피팥
소를 넣고 새알만큼씩 빚어 꿀을 발라 거피팥고물을 묻힌다.

재료

		소		고물	
찹쌀가루	7컵	거피팥고물	2컵	거피팥고물	3컵
소금	2작은술	꿀	4큰술	계핏가루	1작은술
물	4큰술			꿀	3큰술
데친 쑥	150g				

1 찹쌀가루는 소금을 넣어 체에 내린다.

2 쑥은 연한 잎을 뜯어서 소금물에 데쳐서 다진다.

3 팥은 충분히 불려서 껍질을 깨끗이 벗겨내고 찜통에 푹 무르게 찐 다음 소금을 넣고 어
레미에 내려 고물을 만든다.

4 3의 거피팥고물 중 1컵은 따로 꿀과 계핏가루를 넣고 섞어 소를 만들어 지름 2cm 정도
의 완자모양으로 빚는다.

5 1의 찹쌀가루에 물을 주어서 찜통에 젖은 면보를 깔고 찐다.

6 쪄낸 떡에 데친 쑥을 넣어 절구나 분마기에 담아 절구공이로 꽈리가 일 때까지 치댄 다
음 도마에 꿀을 바르고 떡을 쏟아서 두께 1cm, 폭 6cm 정도로 갸름하게 펴 놓는다.

7 펴 놓은 떡의 가운데에 준비한 막대 모양의 거피팥소를 심처럼 하여 떡을 아물려서 막대
모양으로 만든 다음 끝에서부터 3cm 정도씩 손으로 끊어서 새알 모양으로 빚어 꿀을 발
라 거피팥고물을 고루 묻힌다.

은행단자

재료

찹쌀가루	7컵
소금	2작은술
껍질 깐 은행	2½컵
꿀	½컵
잣가루	2컵

1 찹쌀가루는 소금을 넣고 체에 내린다.

2 은행은 속껍질을 까서 분쇄기에 곱게 갈아 놓는다.

3 1의 은행과 찹쌀가루를 골고루 섞는다.

4 찜기에 젖은 면보를 깔고 그 위에 섞어 놓은 반죽을 올린 후 김이 오른 찜통이나 시루에
 서 30분간 찐다.

5 잘 익었으면 양푼에 쏟아, 꽈리가 일도록 친다.

6 도마에 꿀을 바른 후 5를 알맞게 잘라 잣가루를 묻힌다.

석이단자

재료

재료	분량
찹쌀가루	7컵
소금	2작은술
석이가루	3큰술
잣가루	2컵
꿀	8큰술
따뜻한 물	$\frac{1}{2}$컵

1 찹쌀가루에 소금을 넣고 체에 내린다.

2 석이가루는 따뜻한 물에 개어 놓는다. 찹쌀가루에 불려 놓은 석이가루를 섞어 잘 비벼 버무려 놓는다.

3 찜기에 젖은 면보를 깔고 그 위에 섞어 놓은 반죽을 올린 후 김 오른 찜통에서 30분간 찐 다. 잘 쪄졌으면 양푼에 쏟아 꽈리가 일도록 친다.

4 도마나 쟁반에 꿀을 바른 후 친 떡을 쏟아 0.8cm 정도의 두께로 펴 놓는다.

5 알맞게 썰어 준비한 잣가루에 굴린다.

유자단자 1

재료

찹쌀가루	7컵
소금	2작은술
다진유자	1컵
물	$\frac{1}{2}$컵
꿀	$\frac{1}{2}$컵
잣가루	2컵

1 찹쌀가루에 소금을 넣고 체에 내린다.

2 유자는 곱게 다져 놓는다.

2 찹쌀가루에 갈아 놓은 유자와 분량의 물을 넣고 골고루 섞는다.

3 찜기에 젖은 면포를 깔고 그 위에 섞어 놓은 반죽을 올린 후 김 오른 찜통에서 30분간 찐다.

4 잘 쪄졌으면 양푼에 쏟아 꽈리가 일도록 친다.

5 도마에 꿀을 바른 후 그 위에 잘 쳐 진 떡을 놓고 다시 꿀을 바른 다음 알맞게 썰어 잣가루를 묻힌다.

유자단자 2

찹쌀가루에 유자청과 유자청건지를 다져 섞어 반죽하여 쪄서 잘 치댄 다음 반반하게 만들어 썰어서 잣가루를 묻힌 떡이다.

재료

찹쌀가루	3컵
소금	½작은술
유자청	2큰술
유자청건지	½컵
꿀	3큰술
잣가루	½컵

1 유자청건지를 곱게 다진다.

2 찹쌀가루를 끓는 물과 유자청, 소금을 섞어 덩얼덩얼하게 반죽하여 찐다.

3 양푼에 꿀을 바른 뒤 2의 찐 떡을 쏟아 다져 놓은 유자청건지를 섞는다. 이것을 절구공이에 소금물을 묻혀 가며 꽈리가 나도록 친다.

4 도마에 꿀을 바른 다음, 3의 떡을 쏟아 0.8cm 두께로 반대기를 지어 너비 2.5cm, 길이 3cm 정도로 썰어서 잣가루를 묻힌다.

밤단자

재료

찹쌀가루	4컵
소금	1작은술
물	2큰술
밤	20개
꿀	4큰술

1 찹쌀가루에 소금을 넣고 체에 내린 다음 물을 주어 김이 오른 찜통에서 떡이 투명해지도록 찐다.

2 밤은 삶거나 찐 후 껍질을 벗겨 찧어서 체에 내린 다음 3등분하여 $\frac{1}{3}$은 꿀과 계핏가루를 넣고 반죽을 하여 지름 2cm의 막대모양으로 길게 만들어 소로 사용하고, 나머지는 넓은 쟁반에 펼쳐 놓아 고물로 사용한다.

3 쪄낸 떡은 절구에 쏟아 꽈리가 일 때까지 친 후 도마에 꿀을 바르고 떡을 쏟아서 두께 1cm, 폭 6cm로 갸름하게 펴 놓는다.

4 펴놓은 떡의 가운데에 준비한 막대 모양의 밤소를 떡 한가운데에 심처럼 놓고 떡의 양끝을 아물려서 막대 모양으로 만들어 끝에서부터 3cm 정도로 손으로 끊어 새알 모양으로 빚는다. 새알로 빚은 떡에 일일이 꿀을 바르고 밤고물을 고루 묻힌다.

색단자

재료

찹쌀가루	7컵
소금	2작은술
밤	30개
대추	30개
석이	5장
꿀	5큰술
물	$\frac{5}{8}$컵

소

다진유자	5큰술
다진대추	$\frac{1}{2}$컵
계핏가루	$\frac{1}{2}$작은술
두텁팥고물	1컵

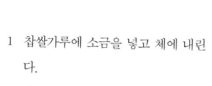

1 찹쌀가루에 소금을 넣고 체에 내린다.

2 밤은 껍질을 까서 곱게 채 썰고, 대추는 깨끗이 씻어 씨를 발린 후 방망이로 밀어 곱게 채 썬다.

3 석이는 뜨거운 물에 담가 깨끗이 씻어 곱게 채 썬다.

4 김 오른 찜통에서 밤채, 대추채, 석이채를 살짝 쪄 낸 후 넓은 쟁반에 퍼 식혀 고루 섞어 고물을 만든다.

5 찹쌀가루는 물로 버무린 후 찜통에서 30분간 쪄 충분하게 익힌 후 양푼에 쏟아 꽈리가 일도록 친다. 도마에 꿀을 바른 후 떡을 쏟아 식힌다.

6 다진 유자, 다진 대추, 계핏가루, 두텁팥고물을 혼합하여 소를 만든다.

7 손에 꿀을 발라 떡을 조금씩 떼어 낸 후 소를 넣고 갸름하게 만들어 고물에 굴린 후 잣가루를 입힌다.

가래떡(흰떡, 백병)

멥쌀가루를 쪄서 안반에 놓고 매우 쳐서 둥글고 길게 늘여 만든 떡인데, 모양이 길다고 하여 '가래떡'이라 부른다. 이 떡은 특히 정초에 만들어 동전 모양으로 납작납작하게 썰어 떡국으로 끓여 먹는다. 이 음식은 설날의 대표적인 명절 음식이다. 혼인한 집안끼리 세모에 가래떡을 뽑아 세찬의 떡국용으로 선물하기도 하였다.

재료

멥쌀	3말
소금	2½컵
물	적당량
참기름	약간

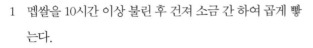

1 멥쌀을 10시간 이상 불린 후 건져 소금 간 하여 곱게 빻
   는다.

2 멥쌀가루에 물을 넣어 고루 섞이도록 비빈 후, 시루에 안쳐 푹
   찐다.

3 찐 떡을 안반에 놓고 오랫동안 친다.

4 쫄깃하게 친 떡을 손에 물을 조금씩 발라가며 둥글고 길게 늘여 가래를 만든다.

5 만들어진 가래떡에 참기름을 약간 발라도 된다.

※ 이 떡은 오래 칠수록 쫄깃하고 맛이 좋으므로, 안반에 놓고 칠 때 꽈리가 일도록 오랫동안 쳐야 좋다. 그래야만 떡국을 끓일 때 잘 풀어지지 않고 쫄깃한 제 맛을 즐길 수 있다. 요즘은 쌀가루를 쪄서 기계에 눌러 빼는 찌는 떡이어서 옛 맛을 즐기기가 어렵다.

각색주악

주악은 조악造岳, 助岳이라고도 하며, 지지는 떡의 일종이다. 꽃전류보다 기름의 양을 많이 하여 지진다. 찹쌀가루에 치자, 맨드라미, 쑥 등의 천연색소로 물을 들여 반죽하여 송편처럼 빚어서 기름에 지져 웃기로 쓰인다. 옛 조리서에는 조악전, 조각병이라 하였다. 『조선무쌍신식요리제법』에 '찹쌀가루를 물에 반죽하여 송편 빚듯이 빚어서 팥소를 꿀에 볶아 넣고 끓는 기름에 지지면 부풀어 오르고 두 끝이 뾰족한 고로조각이라 하나니 이것이 제사에나 손님 대접에 떡 위에 놓는 것을 가장 숭상하나니라' 라고 기록되어 있다.

재료

찹쌀가루	9컵	치자즙	2큰술
소금	1큰술	(치자 1개+물 2큰술)	
끓는 물	적당량	소	
오미자즙	2큰술	다진대추	1컵
(오미자1 : 물1)		꿀	2큰술
파래가루	1~2큰술	계핏가루	1작은술
		식용유	적당량

1 찹쌀가루에 소금을 넣고 체에 내린다.

2 찹쌀가루를 3등분하여 오미자즙, 파래가루, 치자즙을 넣고 고루 섞어 색을 들인 다음 끓는 물로 각각 익반죽을 한다.

3 다진 대추에 꿀과 계핏가루를 섞어 콩알만큼씩 빚어 소를 만든다.

4 찹쌀반죽을 새알만큼씩 떼어 동글동글하게 만들어 송편 빚듯이 하여 가운데에 소를 넣고 꼭꼭 잘 아물려 빚는다.

5 달구어진 팬에 식용유를 두르고 잘 지져 익으면 꺼내어 뜨거울 때 바로 꿀이나 설탕을 뿌린다. 주악은 편을 고일 때에 웃기떡으로 얹는다.

산승

산승은 찹쌀가루에 꿀을 넣고 익반죽한 뒤 세뿔 모양으로 둥글게 빚어 기름에 지진 떡이다. 또한 독특한 형태의 전병으로, 『음식방문』, 『시의전서』 등에 만드는 법이 기록되어 있다. 이들 문헌에 따르면 '잔치 산승을 작게 한다'고 하여 각종 잔치 산승이 널리 쓰였음을 말해 주고 있다. 그러나 현대로 내려오면서 이 떡은 거의 만들지 않고 있다.

재료

찹쌀가루	5컵
소금	1작은술
기름	1컵
꿀	$\frac{1}{2}$컵
잣가루	2큰술
계핏가루	1작은술

1 찹쌀가루에 꿀을 넣어 끓는 물로 익반죽하되 귓밥 정도로 한다.

2 반죽한 것을 동그랗게 빚어 세 발 또는 네 발로 만든다. 이것을 다시 각 끝을 서너 갈래로 갈라 끝을 둥글게 만든 뒤 위를 오똑하게 한다.

3 2의 것을 식용유에 지진다. 이때 너무 지지면 그 모양이 일그러지므로 살짝 지진다.

4 지져낸 떡에 잣가루와 계핏가루를 뿌리기도 한다.

※ 큰상차림에는 갖은편 위의 가장자리에 주악을 돌려 얹고, 가운데 산승을 놓는다.

※ 산승은 주악처럼 여러 가지 색을 내기도 한다. 잔치 산승은 작게 한다.

개성주악

찹쌀가루와 멥쌀가루를 섞어 막걸리로 되직하게 반죽한 다음 둥글넙적하게 빚어서 기름에 지진 떡이다.

재료

찹쌀가루	8컵	물	1컵
멥쌀가루	4컵	물엿(또는 꿀)	1½컵
소금	1큰술	식용유	적당량
설탕	2컵		
막걸리	1½컵		
기름	4컵		
통잣	½컵		
설탕	1컵		

1 찹쌀가루와 멥쌀가루를 합쳐 소금과 설탕을 고루 솔솔 뿌려 섞는다.

2 1의 것을 막걸리로 되직하게 반죽한다.

3 반죽한 것을 지름 12cm, 두께 1~1.5cm로 만들어 드문드문 구멍을 뚫는다.

4 설탕과 물을 끓인 다음, 물엿이나 꿀을 섞어서 묽지 않은 상태의 집청을 만들어 놓는다.

5 팬에 식용유를 넉넉히 붓고 기름이 뜨거워지면 3의 것을 넣어 약한 불에서 서서히 지지다가 식용유 위에 뜨고 색깔이 나면 뒤집어 가면서 지진다. 이때 구멍 뚫은 쪽을 밑으로 가게 한다.

6 5를 4의 집청에 담갔다가 건져 통잣을 매화꽃 모양으로 장식한다.

※ 개성에서는 이 주악을 약과·모약과·우메기 등과 함께 폐백 음식이나 이바지 음식으로 쓴다.

경단

재료

찹쌀가루	5컵
소금	1작은술
끓는 물	약 $\frac{5}{8}$컵
팥앙금	1컵
카스테라 고물	2컵
녹말	약간

1 찹쌀가루는 소금을 넣고 체에 내리 다음 익반죽하여 2.5cm 크기로 완자를 만든 후 속에 팥앙금을 콩알만큼씩 떼어 하나씩 넣고 동그랗게 경단을 만든다.

2 카스테라는 믹서기에 갈아서 고물로 만든다.

3 1의 경단을 녹말에 굴려 살짝 털어 낸 다음 끓는 물에 넣어 익어 떠오르면 건져서 찬물에 헹궈 물기를 거두고, 준비한 고물을 쟁반에 놓고 삶아낸 경단에 고물을 고루 묻힌다.

개성물경단

재료

찹쌀	2컵
볶은팥앙금가루	2컵
잣	약간
집청꿀	
설탕	½컵
물	½컵
조청	½컵
꿀	1큰술

1 설탕과 물을 넣어 끓인 후 물엿
  과 꿀을 넣고 집청꿀을 만든다.

2 찹쌀가루는 익반죽하여 10g씩 떼어 동글
  게 빚는다.

3 빚은 경단을 잘 삶아 찬물에 헹궈 식힌다.

4 삶은 경단을 집청꿀에 넣었다가 볶은팥앙금가루에 굴린다. 이 과정을 두 번 반복한다.
  (집청꿀은 조금씩 덜어서 쓴다.)

5 그릇에 4의 경단을 담고 그 위에 집청꿀과 팥가루를 뿌려낸다.

6 통잣을 뿌린다.

부
록

참고 문헌

강인희 · 이경복, 『한국 식생활 풍속』, 삼영사, 1984

강인희 등저, 『한국음식대관 3: 떡, 과정, 음청』, 한국문화재보호재단, 한림출판사, 2000

강인희, 『한국의 맛』, 대한교과서주식회사, 1987. 『한국 식생활사』, 삼영사, 1991. 『한국의 통과의례 음식』,
　　　한국식생활문화학회 추계학술심포지움, 1996

권광욱, 『육례 이야기』 1~3권, 해돋이, 1995

김동욱 · 최인학 · 최길성 · 김광언 · 최래옥, 『한국민속학』(개정판), 새문사, 1994

김득중 외, 『우리의 전통 예절』, 한국문화재보호협회, 1991

김득중, 『우리의 전통예절』, 한국문화재보호재단, 1999

김부식 저 · 이민수 역, 『삼국사기』, 을유문화사, 1992

김열규, 『한국 민속과 문학연구』, 일조각, 1971

김용숙, 『조선조 궁중풍속연구』, 일지사, 1987. 『한국 여속사』, 민음사, 1990

김정자, 『한국 결혼풍속사』, 민속원, 1992

김춘동, 『한국문화사대계 IV 풍속　예술사』, 고려대학교 민족문화연구소, 1970

동아대학교 고전연구실, 『역주 고려사』, 동아대학교출판사, 1971

문화재보호관리국, 『한국 민속 종합보고서: 통과의례 편』, 형설출판사

박계홍, 『한국민속학개론』, 형설출판사

박혜인, 『한국의 전통혼례연구』, 고려대학교 민족문화연구소, 1988

반 겐넵 저 · 전경수 역, 『통과의례』, 을유문화사, 1985

서울특별시, 『서울민속대관 4: 통과의례 편』, 1993. 『서울민속대관 6: 의식주편』, 1995

오출세, 『한국 서사문학과 통과의례』, 집문당, 1995

온양민속박물관, 『사진과 해설로 보는 온양민속박물관』, 1996

윤서석, 『한국 음식』, 수학사, 1983. 『한국의 음식용어사전』, 민음사, 1991. 『증보 한국 식품사 연구』, 신광출
      판사, 1998

윤숙경, 『경상도의 식생활문화』, 신광출판사, 1999

이광규, 『한국인의 일생』, 형설출판사, 1985

이규태, 『이규태 코너 합본』(1985~1990), 조선일보사, 1991

이규태, 『한국인의 생활구조 2 한국인의 음식이야기』, 기린원, 1991

이동길, 『얼과 문화 1989년도 합본(8~9호)』, 우리문화연구원, 1989

이두현·장주근·이광규, 『한국민속학개설』, 학연사

이성우, 『한국 식경대전』, 향문사, 1983

이성우, 『조선왕조 궁중음식의 문헌학적 연구』, 한국시문화학회지 1권 1호, 1986

이춘자·김귀영·박혜원, 『통과 의례 음식』, 대원사, 1997

이춘자 등저, 『떡과 전통 과자』, 교문사, 2007

이효지, 『조선왕조 궁중연회음식의 분석적 연구』, 수학사, 1985

일연 저·이민수 역, 『삼국유사』, 을유문화사, 1992

임돈희, 『조상 제례』, 대원사, 1990

임재해, 『전통 상례』, 대원사, 1990

전례위원회편저, 『우리의 생활 예절』, 성균관, 1994

최남선, 『조선상식: 풍속 편』, 동명사, 1948

한국민족문화대백과사전편찬부, 『한국민족문화대백과사전 4, 7, 9, 19, 21권』, 정신문화연구원, 1991

한국음식문화오천년전준비위원회, 『한국 음식 오천 년』, 유림문화사, 1988

한국문화재보호재단 편, 『한국음식대관 5: 상차림, 기명, 기구』, 한림출판사, 2002

한복려, 『떡과 과자』, 대원사, 1989

홍석모, 『동국세시기』(영인본), 1849

황혜성, 『떡 한과』, 주부생활, 1989. 『한국의 전통음식』, 교문사, 1992

혼례 음식

초판 1쇄 인쇄 2008년 5월 8일
초판 1쇄 발행 2008년 5월 16일

지은이 김매순, 홍순조, 문혜영, 이춘자
펴낸이 장세우

편 집 황병욱, 오효영
총 무 김인태, 정문철, 김영원
영 업 강승일

펴낸곳 (주)대원사
주 소 140-901 서울시 용산구 후암동 358-17
전 화 (02)757-6717(대)
팩시밀리 (02)775-8043
등록번호 등록 제3-191호
홈페이지 www.daewonsa.co.kr

값 15,000원

ISBN 978-89-369-0793-8 03590